• 经济管理学术文库 •

重庆市教委人文社科基金和四川外语学院校级基金资助项目

森林公园的环境承载力评估和环境价值计量研究

——以重庆石柱黄水森林公园为例

Study on Environmental Carrying Capacity Evaluation and Environmental Value Assessment of Forest Park：A Case Study on Huangshui Forest Park in Chongqing Shizhu

雷　莹／著

经济管理出版社
ECONOMY & MANAGEMENT PUBLISHING HOUSE

图书在版编目(CIP)数据

森林公园的环境承载力评估和环境价值计量研究/雷莹著.—北京:经济管理出版社,2011.5
ISBN 978—7—5096—1457—0

Ⅰ.①森… Ⅱ.①雷… Ⅲ.①森林公园—旅游环境—环境承载力—评估—中国 Ⅳ.①S759.992

中国版本图书馆CIP数据核字(2011)第090520号

出版发行:经济管理出版社
北京市海淀区北蜂窝8号中雅大厦11层
电话:(010)51915602　　邮编:100038

印刷:北京银祥印刷厂　　经销:新华书店

组稿编辑:陆雅丽　　责任编辑:陆雅丽
责任印制:黄　铄　　责任校对:陈　颖

720mm×1000mm/16　　12印张　　195千字
2011年7月第1版　　2011年7月第1次印刷

定价:33.00元

书号:ISBN 978—7—5096—1457—0

摘　要

森林公园旅游作为一种极具特色的新兴旅游，与其他的旅游形式存在着一些独特的联系。一方面，同其他旅游形式一样，森林公园旅游的发展会对旅游地的经济、社会、环境、生态造成各种正面、负面的影响；另一方面，作为一种环境资源，森林公园旅游资源又不同于其他旅游产品和服务，具有典型的准公共品特性。正确地评价森林公园的价值和环境承受能力，对实现可持续发展框架下的森林公园高效运营和管理起着至关重要的作用，同时也为森林公园旅游资源开发和环境保护提供决策依据，促进森林公园旅游业的可持续发展。

森林公园旅游环境承载力评估是一个复杂的问题。一方面受到诸如景区自然环境特征和组成结构、景区经济环境背景和社会文化环境、旅游者的行为特征及人口学特征等诸多指标的影响；另一方面又必须考虑景区的季节性波动。面对如此广泛的影响因素，本书选取黄水国家森林公园作为典型案例，运用动态改进层次分析法（ADIHP）对森林公园旅游环境承载力进行了研究，实现对森林公园旅游环境承载力的综合评估。

作者采取定量和定性相结合，实地调研、游客问卷调查相结合的方法分析了重庆黄水国家森林公园的环境价值。将重庆黄水国家森林公园环境价值划分为生态价值、社会效益和旅游游憩价值三个部分。使用 ZTCM 模型评估重庆黄水国家森林公园的旅游游憩价值，分析了景区的主要客源结构和游客的人口统计学特征，采用线性函数、幂函数、指数函数和自变量为对数的函数形式，依据上述分析确定的相关参数回归分析了景区游憩价值和旅游消费者剩余，并进行了统计学检验。

关键词：旅游，森林公园，森林旅游资源，环境承载力，环境价值计量

ABSTRACT

Forest Park Tourism (FPT), a very unique one, is linked with other types of tourism in some aspects. On the one hand, like other types of tourism, the FPT development has both positive and negative impacts on economy, society, environment and ecology in tourism destinations. On the other hand, FPT resource, as an environmental one, is different from other tourism products and services and has the typical characteristics of quasi-public goods. Proper evaluation on the value of forest park and its environmental carrying capacity is crucial to its efficient operation and management under the framework of sustainable development, can provide enough information for decision on FPT development and environmental protection, and promote FPT sustainable development.

FPT carrying capacity assessment is complicated since it includes so many indicators such as the features and structures of the scenic natural environment, its economic, social and cultural background, tourist behavior characteristics, and demological features. Moreover, it must take into account the seasonal fluctuations in scenic areas. As to the wide range of indicators, this dissertation attempts to select Huangshui National Forest Park (HNFP) as a typical case study, apply dynamic improved AHP (ADIHP) to analyze FPT carrying capacity so as to achieve the comprehensive evaluation on FPT carrying capacity.

By using both quantitative and qualitative methods, and based on the survey on HNFP and the questionnaire from tourists, this dissertation tries to analyze the environmental values of HNFP and categorize it into ecological value, social value and recreational value. Furthermore, it applied Zonal Travel Cost Method (ZTCM) model to assess the HNFP recreational value, analyzed the structure of tourist source for HNFP and its demographic characteristics. Base on the relevant parameters achieved above, by applying linear function, power function, exponential function and independent-variable logarithmic function, it also conducted the regression analysis of HNFP recreational value and its consumer surplus and the statistical analysis.

Key words: tourism, forest park, forest tourism resource, environmental carrying capacity, environmental value assessment

目　录

1 绪 论

1.1 选题背景及研究意义

森林公园旅游作为一种极具特色的新兴旅游，与其他的旅游形式存在着一些独特的联系。一方面，同其他旅游形式一样，森林公园旅游的发展会对旅游地的经济、社会、环境、生态造成各种正面、负面影响；另一方面，作为一种环境资源，森林公园旅游资源又不同于其他旅游产品和服务，具有典型的准公共品特性。旅游环境承载力分析与旅游价值评估是旅游开发规划与管理的重要工具，是衡量旅游经济效益、社会效益和环境效益是否和谐统一的重要指标。因此，正确地评价森林公园的价值和环境承受能力，对实现可持续发展框架下的森林公园高效运营和管理起着至关重要的作用，同时也为森林公园旅游资源开发和环境保护提供决策依据，促进森林公园旅游业的可持续发展。

黄水国家森林公园位于重庆市石柱土家族自治县东北部七曜山山原上，居三峡库区腹地，处于长江三峡黄金旅游线上，与忠县石宝寨隔江相望，是重庆市国家级森林公园中面积最大、唯一的少数民族旅游风景区，是集避暑、游览观光、民俗风情体验、娱乐健身、科普考察、动植物观赏、森林生态保护于一体的多功能综合性山岳型旅游胜地，非常具有典型性。对重庆黄水国家森林公园的旅游环境承载力分析和旅游环境价值分析，可以为黄水国家森林公园的旅游资源开发和环境保护提供有效的理论依据和支撑。

1.2 研究基本思路和方法

研究基本思路和方法安排如下：

第一，通过对旅游、旅游资源、森林旅游、森林旅游资源等主要问题的相关文献分析，梳理论文的研究能够在哪个侧面、层次对该领域做出新的贡献，以便加强构思论证主题的理论框架、论证技术以及数据收集和分析方法。

第二，构建出森林资源的消耗与配置模型，进一步探讨可持续发展框架下的森林旅游业发展路径。

第三，通过对旅游环境承载力和旅游资源价值计量相关文献的分析梳理，提出了森林公园旅游环境承载力和森林公园旅游环境价值的测算方法。

第四，选取重庆黄水国家森林公园作为典型案例进行实证分析。首先，考虑旅游景区的季节波动、旅游地社会文化背景、旅游者行为等因素对旅游环境承载力的影响，对森林公园旅游环境承载力模型中的生态环境承载力、资源空间承载力、基础设施承载力、旅游服务设施承载力、管理水平承载力、当地居民心理承载力、旅游者心理承载力等各单项承载力进行模型构建，为黄水国家森林公园旅游环境承载力评估提供了可以操作的方法与途径。其次，结合黄水国家森林公园实际情况筛选出对旅游环境承载力构成约束的限制性因素，使用动态改进层次分析法确定各因素之间的关系和权重，最终测算出黄水国家森林公园的综合旅游环境承载力。接下来，本书使用定量、定性相结合，实地调研、游客问卷调查相结合的方法分析森林公园环境价值。将重庆黄水国家森林公园环境价值划分为生态价值、社会效益和旅游游憩价值。使用 ZTCM 模型评估重庆黄水国家森林公园的旅游游憩价值，分析景区主要客源结构和游客的人口统计学特征，采用线性函数、幂函数、指数函数和自变量为对数的函数形式依据上述分析确定的相关参数回归分析景区游憩价值和旅游消费者剩余，并进行统计学检验。

第五，充分考虑旅游者的市场需求、旅游资源的分布特点、空间结构和旅游线路，依据以完成的黄水国家森林公园旅游环境承载力分析以及黄水国家森林公园旅游价值分析，对景区的运营和管理进行设计、规划和完善，并提出相应的保障措施。

图 1.1 为本书逻辑结构。

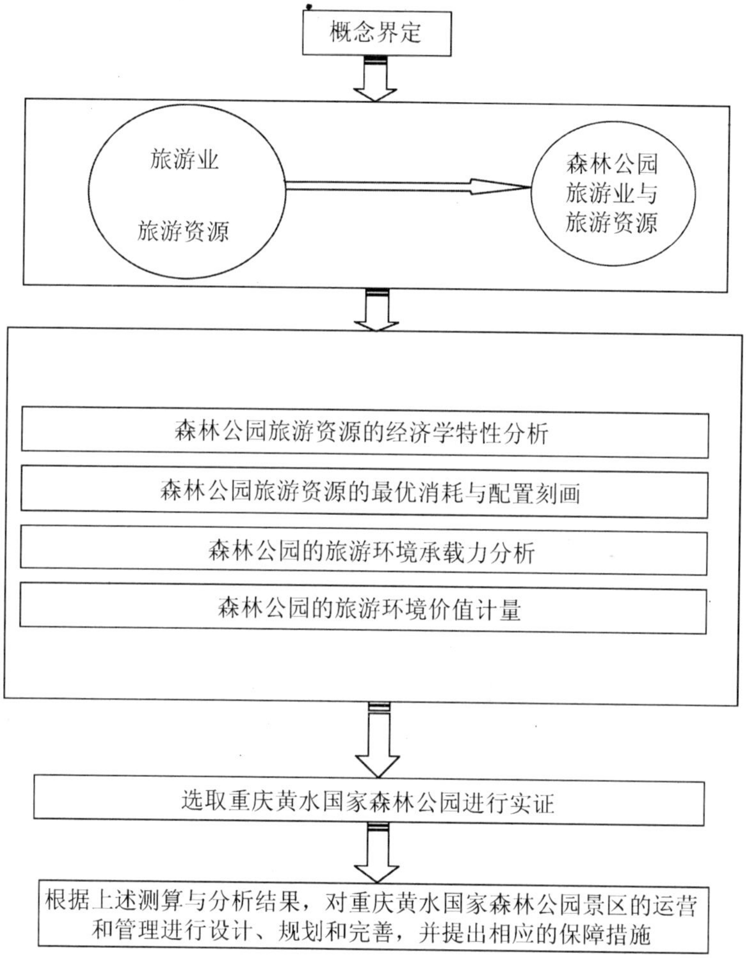

图 1.1 本书逻辑结构

1.3 主要研究内容

（1）进行森林公园旅游的特性分析。分析显示：作为准公共品的国家森林公园，所具备的资源与环境价值是实现其旅游休闲功能的源泉，如何确定环境资源的承载能力和价值是发挥森林公园功能的关键。

（2）分别刻画了森林公园旅游资源中可再生资源与不可再生资源在森林公园系统发展中的消耗与配置模型。

（3）从自然景观资源、基础设施资源、人文资源、社会资源等多个层面对森林公园旅游各单项环境承载力进行了分析，结合使用模糊分析的方法，分析了森林公园的综合环境承载能力。

（4）通过实地调研、定量、定性相结合的方法，使用了 ZTCM 模型分析了森林公园旅游环境价值。

（5）最后依据上述分析和结论，对景区的运营和管理进行设计、规划和完善，并提出相应的保障措施。

1.4 主要工作和创新点

主要工作：

（1）对森林公园进行了经济学分析，认为森林公园具有准公共物品特性。

（2）对国家森林公园的旅游环境承载力分析和旅游环境价值分析，可以为森林公园的旅游资源开发和环境保护提供有效理论依据和支撑。

（3）选取重庆黄水国家森林公园进行实证，并对其运营管理进行了优化设计。

创新点：

（1）刻画了可持续发展框架下的森林资源消耗与配置模型。对国家森林公园发展过程中消耗不可再生资源和可再生资源分别进行了模型刻画。

（2）提出了森林公园旅游环境承载力的测算方法。首先，对重庆黄水国家森林公园的各单项旅游环境承载力进行了测算；其次，使用动态层次分析法对黄水国家森林公园的旅游综合环境承载力进行了测算。

（3）提出了森林公园旅游环境价值测算方法，并使用 ZTCM 模型对重庆黄水国家森林公园的旅游游憩价值进行了计量研究。

（4）通过充分考虑旅游者的市场需求、旅游资源的分布特点、空间结构和旅游线路，依据已完成的黄水国家森林公园旅游环境承载力分析以及黄水国家森林公园旅游价值分析，对景区的运营和管理进行设计、规划和完善，并提出相应的保障措施。

2　森林公园旅游及其旅游资源

2.1　旅游的定义和分类

2.1.1　旅游的定义

如今的大众旅游产生于产业革命的英国，是伴随着中产阶级和相对便宜的交通方式的出现而兴起的。第二次世界大战之后商用航空业的诞生和随后20世纪50年代喷气式飞机的发展标志着国际旅游的快速增长和扩展。这种增长导致了一个重要的新型产业——旅游业的蓬勃发展。反过来，世界上许多国家政府开始关注旅游业，因为它不仅可以提供新的就业机会，而且还是一个赚取外汇和增加税收的有效途径。

但是，旅游产业自身存在着多样性和分散性，这个大问题使得旅游业的经济影响变得含糊不清。旅游业包括旅馆旅游和其他住宿服务；餐馆和其他餐饮服务；交通设施和服务；游乐、景点和其他休闲设施。这些行业也为当地居民提供服务，因此旅游者的消费往往会被忽视和低估。此外，Meis[1]指出，旅游业所涉及的一些概念对许多分析家和决策者来说都仍然是含混不清的。而且，在所有国家中，这一问题使得旅游业制定任何形式的可靠的信息库来估算它对地方、全国乃至世界经济的贡献都变得极其困难。不过，就是这种多样性特征使得旅游业成为许多国家、地区经济发展的理想工具。由此可见，给旅游下一个准确的定义是极其困难的，因为这些定义对于不同的人（或机构）来说有着不同的含义。

在旅游业的发展历程中，不少学者专家尝试对旅游进行定义。最先尝试解释和定义的是19世纪30年代的Stendhel。伴随着旅游行业的兴起，又陆续出现许多不同视角的定义，如Jafari："旅游所研究的是离开惯常居住地的人，满足他们需求的产业以及他们和这个产业给东道地区在社会文化、经济和实体环境等方面所带来的影响"[2]，又如Mathieson和Wall[3]："旅游指人们离开其日常工作和居住场所前往目的地的暂时性移动，在目的地逗留期间所从事的活动和为满足他们的需求所提供的设施"。

1991年6月，由世界旅游组织（WTO）和加拿大旅游局共同发起的一个具有划时代意义的会议在加拿大的渥太华召开，代表90个国家的250人参加了这次会议。这次会议有三个主要宗旨：一是制定一个统一完整的旅游统计定义和分类体系；二是实施一种严格的方法来确定旅游的经济影响及其旅游业不同部门的绩效；三是建立起政府和旅游产业间的对话机制和一套连贯一致的收集旅游统计数据和信息的工作程序。大会决议[4]中产生的一个重要成果是建议将旅游定义为，一个到惯常环境之外的地方旅行、停留期在一个特定时间内，且旅行的主要目的不是通过从事某些活动从被访问地获取报酬的人的活动。

2.1.2 旅游的分类

对旅游及旅游行为的分类大致可以按照以下两个角度进行划分：一是从旅游需求的角度进行划分。从这种角度进行划分主要是为了规划和促销，便于测度旅游需求的主要环节。主要包括休闲娱乐和度假、探亲和访友、商务和专业活动、保健、宗教活动和朝觐，等等。二是从旅游供给的角度进行划分。从这种角度进行划分主要是为了监测和评估旅游对整个经济和旅游产业中其他诸多典型部门所产生的影响。主要包括：度假等费用预定的旅行安排，旅馆、野营地等住宿活动，餐馆、小酒馆等餐饮设施，交通，购物，等等。

2.2 旅游产生的影响

前面提到，旅游产品的提供和需求能够为目的地居民、社会和政府带来巨大的经济收益。但是，如果将旅游引入到一个独特且脆弱的环境和社会中，其输出的经济收益同时还将被其负面的和先前未被评估的环境后果与社会后果所抵消[5]。

2.2.1 旅游业发展对地区经济的影响

国外对旅游业产生的经济影响研究成果颇丰[6~9]，在评估旅游业产生的经济影响时，着重从金融、就业和发展三个方面进行成本—收益分析（Cost benefit analysis），认为旅游在赚取外汇、增长国民生产总值、增加税收、提高个人收入、增加就业机会、加强经济基础、加强跨部门联系、产生乘数效应、改善基础设施、提高社会化服务、推动不发达地区发展的同时，也产生诸如利润漏损、通胀、地价抬高、季节性失业、与其他行业产生冲突、增加经济对外部的依赖性等不良影响。Archer 和 Fletcher[10]则认为旅游的经济收益研究必须要测算由初始支出所诱发的一系列的经济活动的综合效应，并重点分析各方法的优缺点和局限性，并列出了旅游业的损益分析需要考虑的影响因素。

需要强调的是，在创造就业和收入方面，旅游业在那些可选择发展机会非常有限的欠发达边远地区显得比其他产业更加有效。事实上，恰恰是在这些地区，旅游的影响可以得到充分发挥。在那里，许多当地人是仅能勉强糊口的农民或牧民，如果能参与到旅游业中，他们的家庭收入将得到很大的提高。并且，由于当地旅游业将为当地产品开辟市场，旅游将进一步提供货币刺激，使当地手工业得到维持。事实上，旅游业给这些地区居民带来的福利效应要远比相同情况下给发达地区带来的效应大得多。此外，旅游业的发展，特别是在欠发达地区的发展，需要具备相应的社会基础设施和旅游基础设施。在许多情况下，由于他们在供旅游行业使用的同时也为当地居民所享用，因此，这些公用事业在经济上是很难区分的。在许多国家，高速公路和机场最初主要是为满足旅游的需要而修建的，现在则成为当地产品进入更广阔市场的新途径。遗憾的是，在许多情况下，当地居民还几乎没有从这些开发项目中得到直接的收益。这实质上是一个自然资源与经济资源的分布问题。

2.2.2 旅游业发展对地区社会文化的影响

不同国家之间、同一国家的不同地区之间存在着广泛的文化差异，而恰恰是这些差异的存在成为了旅游产业的重要的推进剂。在一些欠发达边远地区，特定群体的传统文化行为构成了旅游业的核心[11]。不过，有时有形外观的差别和游客与当地居民文化行为的差异非常大，以至于相互的了解被相互仇视所代替。一方面，旅游者可能的穿着打扮和行为方式与当地人截然不同，把禁忌抛之脑后，于是嫖娼、吸毒、赌博甚至打、砸、抢的行为油然而生。另一方面，作为陌生人，旅游者也非常容易受到伤害，成为当地人抢劫和犯罪的牺牲品，当地社会又会把这些伤害行为当成是“调整差异”的一种方式。Dogan[12]着重介绍了当地居民对游客涌入的反应以及旅游所带来的各种各样的变化，这些变化从主动抵制到完全认可，甚至于对旅游者文化的接纳。并且阐述了如何选择使用这些变化的战略，不管是有意还是无意，都取决于当地的社会文化特性和这些变化自身的强度，并得到结论，即使是以前对旅游持有特定反应的同质地区也将会变得多样化，这个地区中将会出现各种不同的群体，进而对旅游的开发表现出不同的反应。

在当地居民与来自完全不同文化地区的游客之间的文化差异非常明显时，当地的文化和风俗可能会用来满足游客需求，有时甚至是以牺牲当地的传统为代价的。这里有一个表演型的真实性问题，即通过能够说服游客相信的文化（如旅馆大堂和餐馆等公共区域）来保护真正的传统文化。虽然通过良好的管理和规划，旅游业可以促进对古老文化的保护，但往往会使当地的生活方式逐渐退化，变成了一种非常商业化的，有组织的自我模拟。廉价的模仿取代传统的舞蹈和精湛的手工艺以满足游客的需要，达到尽量少费力气多赚游客钱的目的。不过，在一些地方，这仅仅是一个初始阶段的现象，随后将产生一系列的高质量复兴。

在那些原始的、与世隔绝的地区，大量游客涌入甚至能造成当地人迁徙离开其居住地以保证生活不受到干扰。为了制止这种情况，需要制定并实施管理规定。例如，在加拿大，为户外娱乐和国内旅游在 Forillon 和 Gros Morne 建立公园，就不得不把原住民赶走，这引发了当地居民强烈的反对。

必须承认，虽然作为一种促进地区间更好的理解和友好的方式，旅游者和当地居民间的社会交往往往被认为是旅游的一种重要的社会收益。但在有些地区却发现，由于旅游者的品位和习俗冒犯了当地居民中的特定群体，这被称为冲突效应。在一些极端的情况下，犯罪、娼妓、赌博和贩毒确确实实是从其他地方“进口”到旅游地的。在旅游地，旅游者在原来的社会环境中必须遵循的许多道德规范和约束没有了，结果是他们的行为日益恶化而没有受到应有的谴责。因此，许多当地居民发现通过迎合游客的需求可以使他们更富裕。对某些开发项目（如红灯区）的褒贬要更多地归咎于旅游产业的增长。这里的一个重要问题是主客之间的接触方式。在被“替代性旅游”支持者所斥责的“飞地型”旅游模式中，他们之间的接触是受控制的，越少越好，主要限于那些懂得主宾双方的语言和了解双方文化的“文化掮客”们。只要当旅游者渗透到当地人的日常生活中时，双方的文化和社会差异才会真正显露出来。

与旅游伴生的其他许多社会文化问题是与开发强度相关联的。尽管不易测定，但旅游密集度与当地人对旅游的反感增加之间是存在着必然关系的。旅游者的涌入增加了人们生活的密集度，也增加了旅游者与当地居民共用设施的拥挤度。过度拥挤降低了度假经历的价值，并给当地居民造成了额外的负担。甚至在一些极端的情况下，当地居民将被禁止享用他们应该享受的自然景观和设施。

2.2.3 旅游业发展对环境和生态的影响

过度的或规划不当的旅游开发影响着目的地的自然环境。在许多地方，失控的商业性旅游为了迎合游客的可能愿望开发出现了一些设计奇特、其貌不雅的旅店，从而忽视了与当地环境的一致性。除了在风景方面，开发中产生的废物、废气、废水通常也未经处理就进行排放，污染当地自然环境。同时，低级的、不明智的旅游开发也破坏了不可再生的自然资源，其真正的、长期的利益并没有得到完全的评价和展示。例如，有的地方广泛用于泄洪和渔业生产的沼泽地和红树林，被排干用以修建码头；当地村庄的水资源被旅馆和休闲娱乐场所占用；山区森林被砍伐用以拓展道路和修建滑雪雪道，导致严重的水土流失，进而形成严重的泥石流和山体滑坡。此外，旅游者本身对环境的破坏也负有不可推卸的责任。在一些地方，旅游者会有意无意地破坏农作物和农场设备，恐吓牲畜，丢弃垃圾。据不完全统计，在英国的一座山里，仅仅在夏天旺季每天就能从山顶清理出近 1 吨的垃圾，而在南英格兰的新森区，每年大约回收 25000 个空瓶子[13]。在其他地区，野生动物受到严重的干扰，珊瑚礁遭到破坏，游客带来的外来植物物种也将对本地脆弱的生态系统构成严重的威胁。

当然，上述诸多危害可以通过高质量的规划、设计、管理、教育的方法缓解甚至消除。旅游者在旅游地的部分开支，特别是门票收入，可以用来保护和改善自然遗产和人造遗产（如人工动植物保护地）。

在研究生态旅游业产生的环境影响时，Mieckowski[14]认为生态旅游是地区最优的资源利用途径，可以将经济建设中的环境负面影响降低到最小。Murphy[15]认为如果旅游发展建立在良好的规划基础上，就能提高区域的环境质量。Thorsell[16]以东非地区的旅游开发为例，检讨了旅游对环境的不利影响。

旅游者所造成的环境和生态破坏的程度和性质与开发的程度和旅客流量、旅游地的时空布局与规划、当地环境的特点以及开发前后所采用的规划和管理方法的性质有关。研究文献提供了大量正反两面的案例。在任何一个案例中，可能发生的情况取决于目的地区域的特征和当地所追求的目标与目的。协调当地人的愿望和利益诉求、国家的开发收益、资本和开发商的投资金融回报之间的关系，对处理旅游与生态环境的关系，构建和谐社会起着至关重要的作用。

2.2.4 一些成功的规划案例

发展中国家以及一些有条件的欠发达地区可以从哥斯达黎加、印度尼西亚、肯尼亚、尼泊尔和厄瓜多尔等国家的经验中学到很多东西，这些国家拥有天赐的自然美景和独特的动植物资源。与其他许多发展中国家不同，它们集中精力发展那些对环境影响最小的旅游项目，即生态旅游。例如墨西哥的“黑脉金斑蝴蝶项目”、尼泊尔的“安那波那保护区”（Brandon）[17]、伯利兹社区内的“狒狒避难所”（Horwich）[18]、印度尼西亚的“巴厘岛文化旅游”（Grdjah Mada University，Java）[19]、塞内加尔的“村落旅游”。这些项目都反映出生态旅游的不拘一格，而且都极好地印证了生态开发的理念。生态开发强调利用自然资源、合适的技术，考虑现有的生态系统及当地文化，从而恰如其分地运用社会及政治力量，并强调自给型的经济开发模式，依靠本地取材，造福本地居民，还弘扬了当地的社会文化传统，致力于争取本地所有权和劳动力分工，带动其他产业发展，给当地社会带来经济收益。

从上面介绍的一些成功的欠发达地区、国家的生态旅游业发展规划案例可以看出，可持续的生态旅游业开发模式应遵循以下基本原则，见图 2.1。

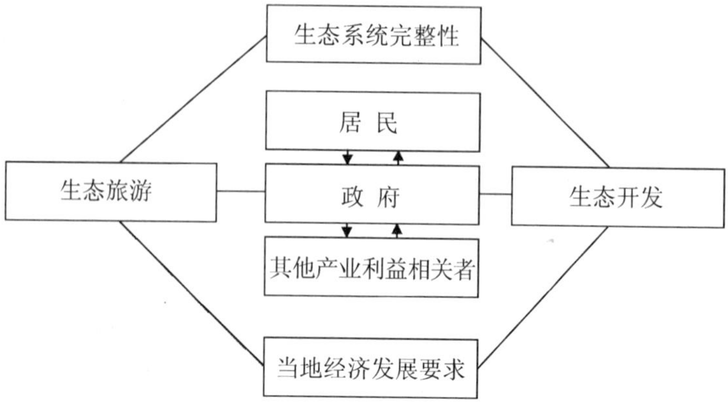

图 2.1　可持续的生态旅游业开发模式

生态系统完整性涉及：强调自然环境对可持续旅游发展的重要性；保持开发水平小规模、能控制，由地方管理；采用因地制宜的开发策略；开发规划与周围自然环境和谐一致；使用本地的材料、技巧和劳动力；设计节约能源的设施设备和工艺；大力推行 3R 模式（Reduce、Reuse、Recycle）；重视成本效率，尽量减少对自然资源的压力；保护植被，减少森林砍伐；开发土地的多重用途；等等。

当地经济发展要求涉及：协调一切因素优化当地经济效益；为当地创造就业机会；使地区拥有自主权；在政策规定中体现公众意愿；经济利益合理分配、收入共享；为本地关联产品开拓市场；将收益的部分用于环保项目；把利润与当地其他产业、项目、教育、环境保护直接挂钩；使用当地原材料和劳动力，将资金留在当地经济中；适当的管理权下放；等等。

2.3　旅游资源的定义和分类

2.3.1　旅游资源的定义

旅游资源是构成旅游业发展的物质基础，目前国际上对旅游资源还没有统一的分类标准和分类方法。郭来喜等对目前国内学术界具有代表性的观点进行了总结[20]：

（1）凡能为旅游者提供观光游览、知识乐趣、疗养度假、娱乐休息、探险猎奇、考察研究、寻根访祖、宗教朝拜、商务交往以及人民友好往来的客体与劳务等，并具有开发价值者，均可成为旅游资源；

（2）凡是足以构成吸引旅游者的自然和社会因素均统称为旅游资源；

（3）旅游资源是在现实条件下，能够吸引人们产生旅游动机并进行旅游活动的各种因素的总和；

（4）凡能激发旅游者旅游动机的，能为旅游业所利用的，并由此而产生经济效益和社会效益的自然与社会的实在物都是旅游资源；

（5）旅游资源是指对旅游者具有吸引力的自然存在、历史文化遗产以及直接用于旅游目的的人工创造物；

（6）自然界和人类社会凡能对旅游者产生吸引力，可以为旅游开发利用，并产生经济效益、社会效益和环境效益的各种事物和因素，都可以视为旅游资源。

2.3.2 旅游资源的分类

旅游资源的分类，大致有以下几种划分方法：按资源的客体属性划分，可分为物质性旅游资源、非物质性旅游资源以及物质与非物质共融性旅游资源；按资源的发育背景划分，可分为天然禀赋性旅游资源、人工创造性旅游资源和复合性旅游资源；按资源的开发状态划分，可分为已开发旅游资源、待开发旅游资源和潜在旅游资源；按资源的可持续利用潜力划分，可分为可再生性旅游资源和不可再生性旅游资源。

其中，以自然、人文两大类进行划分最为普遍。孙文昌等将其分为山石景、水景、生物景观、天象景、历史遗迹、建筑、宗教与文化、社会风情、城乡风光等 9 类 55 种[21]。周进步等将旅游资源分为自然、人文两大方面，其下有地质地貌、水体、气象气候、生物、古迹和建筑、求知消闲健身、风土民情、购物等 8 类 60 种[22]。艾万钰将旅游资源分为自然、人文、综合三大类，其中自然和人文类下细分了 63 个小类[23]。孙仲明将中国的旅游资源分为一级 3 类，二级 27 类，三级 145 类[24]。在日本，足羽洋保将旅游资源分为自然资源、人文资源、社会资源、产业资源 4 个基本类型，其中人文资源和社会资源都各自具有各自的有形资源和无形资源，第四种资源主要为产业旅游场所如工厂、观光农林业、观光牧场、观光渔业、展览设施等等[25]。除了上述主流属性式划分方式外，辛建荣等从资源的平面展布和主体配置关系进行分类[26]，叶岱夫提出了听觉旅游资源的概念[27]，王学君从旅游资源结构角度进行了分析[28]。

为了统一我国的旅游资源分类体系，统一旅游资源调查、等级评价的技术和方法，国家质量监督检验总局于 2003 年 2 月 24 日发布了国家标准《旅游资源分类、调查与评价》（GB/T 18972—2003）中国标准出版社第一编辑室[29]。

《旅游资源分类、调查与评价》（GB/T 18972—2003）以旅游资源的性状为分类原则，对旅游资源按照现存状况、形态、特征、特性进行分类。分类对象包括稳定的、客观存在的实体旅游资源和不稳定的、客观存在的事物和现象。在分类结构上，共分 8 个主类、31 个亚类和 155 个基本类型，见表 2.1。

表 2.1　旅游资源分类

主类	亚类	基本类型
A 地文景观	AA 综合自然旅游地	AAA 山丘型旅游地　AAB 谷地型旅游地　AAC 沙砾石地型旅游地　AAD 滩地型旅游地　AAE 奇异自然现象　AAF 自然标志地　AAG 垂直自然地带
	AB 沉积与构造	ABA 断层景观　ABB 褶曲景观　ABC 节理景观　ABD 地层剖面　ABE 钙华与泉华　ABF 矿点矿脉与矿石积聚地　ABG 生物化石点
	AC 地质地貌过程形迹	ACA 凸峰　ACB 独峰　ACC 峰从　ACD 石（土）林　ACE 奇特与象形山　ACF 岩壁与岩缝　ACG 峡谷段落　ACH 沟壑地　ACI 丹霞　ACJ 雅丹　ACK 堆石洞　ACL 岩石洞与岩穴　ACM 沙丘地　CAN 岸滩
	AD 自然变动遗迹	ADA 重力堆积体　ADB 泥石流堆积　ADC 地震遗迹　ADD 陷落地　ADE 火山与熔岩　ADF 冰川堆积体　ADG 冰川侵蚀遗迹
	AE 岛礁	AEA 岛区　AEB 岩礁

续表

主类	亚类	基本类型
B 水域风光	BA 河段	BAA 观光游憩河段 BAB 暗河河段 BAC 古河道段落
	BB 天然湖泊与池沼	BBA 观光游憩湖区 BBB 沼泽与湿地 BBC 潭地
	BC 瀑布	BCA 悬瀑 BCB 跌水
	BD 泉	BDA 冷泉 BDB 地热与温泉
	BE 河口与海面	BEA 观光游憩海域 BEB 涌潮现象 BEC 击浪现象
	BF 冰雪地	BFA 冰川观光地 BFB 长年积雪地
C 生物景观	CA 树木	CAA 林地 CAB 丛树 CAC 独树
	CB 草原与草地	CBA 草地 CBB 疏林草地
	CC 花卉地	CCA 草场花卉地 CCB 林间花卉地
	CD 野生动物栖息地	CDA 水生动物栖息地 CDB 陆地动物栖息地 CDC 鸟类栖息地 CDD 蝶类栖息地
D 天象与气候景观	DA 光现象	DAA 日月星辰观测地 DAB 光环现象观测地 DAC 海市蜃楼现象多发地
	DB 天气与气候现象	DBA 云雾多发区 DBB 避暑气候地 DBC 避寒气候地 DBD 极端与特殊气候显示地 DBE 物候景观
E 遗址遗迹	EA 史前人类活动场所	EAA 人类活动遗址 EAB 文化层 EAC 文物散落地 EAD 原始聚落
	EB 社会经济文化活动遗址遗迹	EBA 历史事件发生地 EBB 军事遗址与古战场 EBC 废弃寺庙 EBD 废弃生产地 EBE 交通遗迹 EBF 废城与聚落遗迹 EBG 长城遗迹 EBH 烽燧
F 建筑与设施	FA 综合人文旅游地	FAA 教学科研实验场所 FAB 康体游乐休闲度假地 FAC 宗教与祭祀活动场所 FAD 园林游憩区域 FAE 文化活动场所 FAF 建设工程与生产地 FAG 社会与商贸活动场所 FAH 动物与植物展示地 FAI 军事观光地 FAJ 边境口岸 FAK 景物观赏点
	FB 单体活动场馆	FBA 聚会接待厅堂（室） FBB 祭拜场馆 FBC 展示演示场馆 FBD 体育健身场馆 FBE 歌舞游乐场馆

续表

主类	亚类	基本类型
F 建筑与设施	FC 景观建筑与附属型建筑	FCA 佛塔　FCB 塔形建筑物　FCC 楼阁　FCD 石窟　FCE 长城段落　FCF 城（堡）　FCG 摩崖字画　FCH 碑碣（林）　FCI 广场　FCJ 人工洞穴　FCK 建筑小品
	FD 居住地与社区	FDA 传统与乡土建筑　FDB 特色街巷　FDC 特色社区　FDD 名人故居与历史纪念建筑　FDE 书院　FDF 会馆　FDG 特色店铺　FDH 特色市场
	FE 归葬地	FEA 陵区陵园　FEB 墓（群）　FEC 悬棺
	FF 交通建筑	FFA 桥　FFB 车站　FFC 港口、渡口与码头　FFD 航空港　FFE 栈道
	FG 水工建筑	FGA 水库观光游憩区段　FGB 水井　FGC 运河与渠道段落　FGD 堤坝段落　FGE 灌区　FGF 提水设施
G 旅游商品	GA 地方旅游商品	GAA 菜品饮食　GAB 农林畜产品与制品　GAC 水产品与制品　GAD 中草药材及制品　GAE 传统手工产品与工艺品　GAF 日用工业品　GAG 其他物品
H 人文活动	HA 人事记录	HAA 人物　HAB 事件
	HB 艺术	HBA 文艺团体　HBB 文学艺术作品
	HC 民间习俗	HCA 地方风俗与民间礼仪　HCB 民间节庆　HCC 民间演艺　HCD 民间健身活动与赛事　HCE 宗教活动　HCF 庙会与民间集会　HCG 饮食习俗　HGH 特色服饰
	HD 现代节庆	HDA 旅游节　HDB 文化节　HDC 商贸农事节　HDD 体育节

2.3.3 国家森林公园

我国林区广袤，森林风景资源丰富，旅游开发价值十分巨大。自 1982 年始，以国有林场的森林风景资源为依托，我国着手兴办森林公园，发展森林旅游。截至 2006 年底，我国共建立国家森林公园 660 处，总经营面积 1124 万公顷，占森林总面积的7%，范围遍布除港澳台地区以外的全国31个省、自治区、直辖市，初步形成了对我国林区独具特色的以森林景观为主体、地文景观、水体景观、天象景观、人文景观等资源有机结合而形成的多样化的森林风景资源的保护管理和开发建设体系。据不完全统计，全国森林公园年接待游客1.8亿人次，以门票为主的直接旅游收入84亿元；依照2005年国内人均旅游花费测算，森林公园带动社会综合旅游收入超过700亿元。

2.4 旅游资源的特性

根据微观经济学的有关原理，我们知道，如果市场不存在，就不能有效地配置资源。一般来说，旅游资源是不能够通过市场行为进行交换的，退一步说，就算这种市场存在，也是不完备的。因此，在缺乏有效管制措施的情况下，市场对旅游资源所带来的外部负效应是无能为力的，最终将导致效率的损失。《旅游区（点）质量等级的划分与评定》（GB/T17775—2003）对旅游区（点）进行了界定。所谓的旅游区（点）是以旅游及其相关活动为主要功能或主要功能之一的空间或地域，是指具有参观游览、休闲度假、康乐健身等功能，具备相应旅游服务设施并提供相应旅游服务的独立管理区。该管理区应有统一的经营管理机构和明确的地域范围。包括风景区、文博院馆、寺庙观堂、旅游度假区、自然保护区、主体公园、森林公园、地质公园、游乐园、动物园、植物园及工业、农业、经贸、科教、军事、体育、文化艺术等各类旅游区（点）。本节重点分析其中的一种特定的旅游资源——国家森林公园的准公共品性质以及相关的产权问题。

2.4.1 国家森林公园的外部性

所谓外部性，是指某一个个体的生产或消费决策无意识地影响到其他个体的效用或生产可能性，而产生影响的一方不对被影响方进行补偿。

正如前面章节的描述，国家森林公园具有非常明显的正、负外部性。一方面，国家森林公园旅游产品的开发和消费不仅给游客带来愉悦的心情和丰富的阅历，也为旅游区带来经济收益，提高基础设施建设、地区知名度，进一步吸引资金和人才，增加旅游地区的就业机会和一系列的隐形收益。在这个过程中，旅游产生的社会利益大于消费者的私人收益之和，体现出正的外部性[30]。另一方面，由于旅游开发者的有限理性、“无烟工业论”、纯粹的“以旅游者为中心”的开发理念、非有效的旅游资源产权结构、旅游管理体制激励的缺失、旅游区管理体制混乱、管理权与开发权的界定模糊，造成了国家森林公园旅游产品的开发和消费过程中给当地社会带来的环境质量恶化，以及对当地传统文化的严重冲击，这体现出负的外部性[31]。

2.4.2 国家森林公园是准公共物品

环境资源具有公共物品的特性。但即使公共物品能够产生正的净效益，现存市场提供或保全公共物品的可能性也是很小的，结果是从社会效率的角度看完全的市场经济所提供的公共物品的数量是非常低的。另外，公共物品的市场供给是无效率的。因此，需要增加特别的干预、管制和规划来提高效率。

一方面，在可接受的旅游环境承载力下，森林公园是具有非竞争性的。游客在享受景观所提供的服务如观赏野生动物和花卉园林，享受幽静和休闲，他并不能阻止其他人同时享受上述服务。也就是说，只要对景区的利用水平没有超过拥挤的界限，一个旅游者对旅游地的游览就不会伤害其他消费者的乐趣。这个时候，增加一个游客对其他使用者的边际成本为零。但倘若游客数量超过了旅游区环境承载能力，增加额外消费者的边际成本将趋于无限大。

根据《旅游规划通则》(GB/T 18971—2003)，旅游承载力（即旅游容量）是指在可持续发展的前提下，旅游区在某一时段内，其自然环境、人工环境和社会经济环境所能承受的旅游及其相关活动在规模和强度上极限值的最小值。它包括空间容量、设施容量、生态容量和社会心理容量。《旅游规划通则》要求，对于一个旅游区，最基本的要求是对空间容量和设施容量进行测算，对生态环境容量和社会环境容量进行分析，并遵循短板原理，规定旅游区的环境综合容量取决于生态环境容量、社会心理容量、空间及设施容量三者的最小值。

另一方面，门票和其他相关费用的收取决定了对国家森林公园旅游产品的消费又具有排他性。我国的国家森林公园大部分实行门票准入，通过门票和其他相关费用的收取，可以支付旅游景区的管理运作成本，优化完善旅游基础设施，并通过控制游客数量实现对环境质量的控制和对自然资源的保护。另外，许多公园在淡季和旺季采用不同的门票价格，应对不同季节客流量的差异，运用价格杠杆调控客流拥挤成本。表 2.2 列出了我国比较著名的国家森林公园门票价格。

表 2.2 主要国家森林公园门票价格

森林公园名称	门票（元）
日照海滨国家森林公园	40
新疆那拉提国家森林公园	30
浙江琅琊山国家森林公园	30
四川海螺沟国家森林公园	80
张家界国家森林公园	108
黑龙江日月峡国家森林公园	15
太白山国家森林公园	50
浙江千岛湖国家森林公园	80
辽宁天华山国家森林公园	50
蓬莱艾山国家森林公园	60
四川瓦屋山国家森林公园	50
辽宁本溪国家森林公园	70
湖北夹山国家森林公园	35
湖南大围山国家森林公园	30
湖南桃源洞国家森林公园	40
黑龙江凤凰山国家森林公园	40

资料来源：中国森林公园网。

2.4.3 国家森林公园的有效供给

国家森林公园的有效供给取决于两个方面：一是是否应该提供该公共品，如果应该提供，又有多大的必要性。二是该公共品应该控制多大的规模。

（1）国家森林公园供给的可行性分析。对于这个问题，可以通过成本—效益分析（CBA）进行评估。如果预期社会净现值大于零，项目则应该实施。

成本—效益分析（CBA）是项目评价中广泛应用的技术。当某一项目的实际成本或利益不能通过市场价值来表现或不能进入市场交易的情况下，一般使用成本—效益分析法。在这种情况下，市场无法正确评价所有相关的价值流，需要采用非市场评价技术来评价该项目的净值。下面通过简单的例子来阐述 CBA 在森林公园供给上的应用。

有这样一个森林公园，现在考虑实施一项造林项目来增加公园的林地面积。一般认为造林项目是具有多项产出的行动，具体产出内容包括：木材价值 T、娱乐价值 R、生物多样性价值 D、景观价值 L、与水有关的效应 W（包括流域维护、水土保持、大气污染物的固定，等等）、改善小气候 M、固碳效应 G、保障经济发展 S、保持社会融合 I。相对于土地多种用途，上述产出中的每一种都是有益的。但是在某些情况下也可能产生消极的影响。例如，单一树种的大量种植可能造成生物多样性的减少。而造林成本包括：征地、植树、管护、疏伐和护养支出。造林总收益记为 B_1，总成本 C_1，替代性项目的总收益和总成本记为 B_2、C_2，那么当 $B_1-C_1>B_2-C_2$ 时，项目是合理的，应该实施。并且可以通过这种技术进一步评估与上述产出价值相关的一些例子项目的可行性。

（2）国家森林公园供给的有效规模。当森林公园旅游产品的边际供应成本为零时，潜在的使用者能够从中获得正的边际效益，这种增加的使用对社会就是有益的。当满足这个条件，森林公园就转变为纯粹的公共物品了。但是，当在旅游消费者之间出现了拥挤或竞争，就应该采用消费者付费的办法对使用消费进行限制，提高效率。公共物品的有效利用规模见图 2.2。

2.4.4 国家森林公园的产权

某些经济能够实现资源有效配置的程度决定于该经济中主要财产权的性质。Hartwick 和 Olewiler[32]对财产权的定义是：“一系列可以把某种权利让渡给财产所有者的特征”。这些特征包括回报的专有性、竞争性与让渡性。森林公园的旅游资源和自然资源是非私有的，并且具有公共产权或开放性的特征。因此，很多因素都可以造成这种资源的无效率利用。制度规范的缺失导致对此

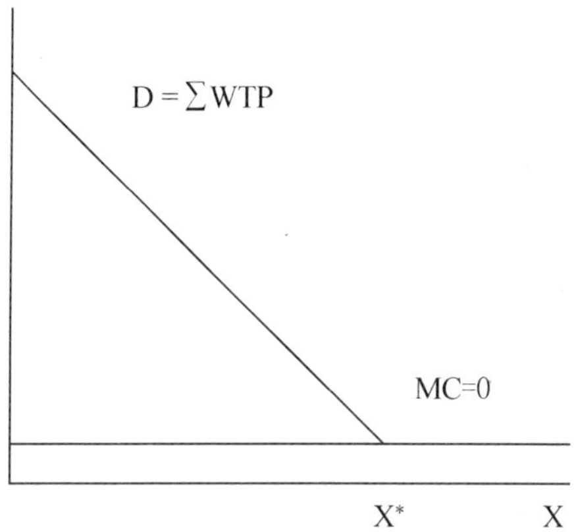

图 2.2 森林公园的社会有效供给规模

类资源的掠夺性利用。

森林公园的旅游资源产权内涵极其丰富，最核心的就是所有权与经营权之间的关系，而其他权能及其结构都是在这个核心基础上展开的[33]。

森林公园的旅游资源所有权与经营权相分离的具体含义是在坚持资源国家所有，严格保护、永续利用的前提下，在一个森林公园景区内，把资源的开发经营权剥离出来。通过政府与投资者签订开发、经营、保护、管理的协议，授权投资者依法有偿取得一定期限内（一般是 30～50 年）旅游资源的开发经营权及其收益权。内容包括：

①明晰所有权。森林公园资源为准公共物品，因其产权边界模糊而难以确定，应该继续以公有产权所有者为主体，界定为国家和集体所有。为改变当前的所有权虚置状况，由专门的国有资产管理部门作为旅游资源的所有权主体，享有所有者权能。

②经营权出让。国有旅游资源产权中的开发经营权，通过市场竞争和市场交易方式出让到具体运营者手中。森林公园旅游资源作为一种国有资产，从理论上说，全民都有取得占有权、支配权、使用权的权利。在市场经济条件下，有效的资源配置方式是市场竞争，因此森林公园旅游资源产权权能只有通过市场竞争取得，才会充分体现出合理性。具体经营权的出让形式，除了配给、承包经营，颁发许可证外，还可以采取租赁、招标、拍卖、合资、合作、入股等多种形式，将一定期限的经营权有偿转让给有能力开发经营的企业或个人。

目前我国的森林公园景区出让经营权中的“经营权”基本等同于使用权。从景区资源开发的角度看，将开发经营权从景区所有权中剥离出来，运用市场化手段，把自然资源的使用权（经营权）用时间划段，分为若干经营使用时段，以此用出租、承包、合资、合作、联营、股份等形式出让给企业或作为股份参股经营。这样，在合理规制的合同制约下，通过法定程序确定景区的所有者和经营者的各项权利，不会违反《风景名胜区管理条例》及有关文件关于“风景名胜资源属国家所有”的基本原则，景区的国家所有性质不会改变，还能很好地解决当前旅游资源产权制度存在的问题。

尽管国家尚未出台有关出让景区经营权的政策，但在实际操作中，政府可以出台优惠政策，明文鼓励景区经营权的出让。近年来，旅游资源开发及景区的经营权转让工作已经在四川、湖北、湖南、山东、山西、福建等省、市、地区的一些景区相继展开，范围分布较广。如：2001 年，四川省出让包括世界自然遗产九寨沟在内的 10 大著名旅游景区及 100 多个旅游景点的经营权；四川省雅安市把碧峰峡省级风景区 50 年经营权转让给民营企业成都万贯集团；湖南省张家界市将黄龙洞景区 50 年经营权转让给北京通达集团；福建省将国家 3A 级旅游区“大金湖”于 2001 年转让给福建新恒集团和福建省煤炭工业有限公司 30 年经营；山西省介休市市政府与山西三佳煤化有限公司签订了把绵山风景区转让给三佳公司经营 50 年的经营合同，政府负责监督管理，创造环境，三佳公司拥有独立开发经营绵山 50 年的一切权利……据不完全统计，截止到 2003 年年初，全国已经出让遗产旅游地经营权或鼓励出让旅游地经营权的省、直辖市、自治区有 20 个以上，其中，有超过 300 个不同的景区（景点）都加入了“经营权转让”的行列，均实现了所有权与经营权的分离。

2.5 森林公园旅游资源的消耗与最优配置

森林公园旅游资源包括可再生的林地木材资源、淡水及动物等环境承载力范围内的可再生资源、不可再生的矿物资源等。不同类型资源的消耗方式和最优资源配置是不同的。

2.5.1 不可再生资源的最优消耗

（1）不可再生资源的单时段消耗。假设时间区间为无限时间序列，可以得到以下序数效用型社会福利函数：

$$W = \int_{t=0}^{t=\infty} U(C_t)e^{-\rho t}dt \tag{2.1}$$

考虑资源的不可再生性，资源存量是固定的且为有限初始存量，假设初始资源存量为 S_0，t 时刻资源的开采和使用率为 R_t，有下面约束条件：

$$S_t = S_0 - \int_{\tau=0}^{\tau=t} R_\tau d\tau \tag{2.2}$$

转换为微分形式：

$$\frac{dS}{dt} = -R_t$$

表明资源存量消耗率$-\frac{dS}{dt}$等于资源的开采和使用率为 R_t。

由于产出在消费品和资本之间分配，经济产出中没有被消费的部分将导致资本存量的变化。因此，在连续时间序列上，表述为：

$$\frac{dK}{dt} = Q_t - C_t \tag{2.3}$$

而根据 C—D 函数，$Q_t = Q(K_t, R_t)$

因此，$\frac{dK}{dt} = Q(K_t, R_t) - C_t$

综上，目标函数：$\max W = \int_{t=0}^{t=\infty} U(C_t)e^{-\rho t}dt$

约束条件：s. t. $\frac{dS}{dt} = -R_t$

$$\frac{dK}{dt} = Q(K_t, R_t) - C_t \tag{2.4}$$

模型的现值哈密尔顿函数 Hamilton 为：

$$H_t = U(C_t) + P_t(-R_t) + \omega_t(Q\{K_t, R_t\} - C_t) \tag{2.5}$$

解得：

$$U(C_t) = \omega_t, \quad P_t = \omega_t Q_{Rt}, \quad \frac{dP}{dt} = \rho P_t, \quad \frac{d\omega}{dt} = \rho\omega_t - Q_{Kt}\omega_t \tag{2.6}$$

式中，$Q_{Kt}=\frac{\partial Q}{\partial K}$表示产出在 t 时刻对资本的偏微分；$Q_{Rt}=\frac{\partial Q}{\partial R}$表示产出在 t 时刻对不可再生资源的偏微分；$P_t$ 代表不可再生资源的影子价格；ω_t 代表资本的影子价格，两个都是关于时间的函数。

$U(C_t)=\omega_t$ 表示任何时刻消费的边际效用都等于资本的影子价格，一个最优的结果应该是一个单位的产出用于消费的边际收益等于用于增加资本存量的边际收益。

$P_t=\omega_t Q_{Rt}$表示 t 时刻资源存量的影子价格等于不可再生资源的边际产品价值。

$\frac{dP}{dt}=\rho P_t$ 和$\frac{d\omega}{dt}=\rho\omega_t-Q_{Kt}\omega_t$ 表示资源和资本在任何时点上都能获得同样的报酬率，且等于贴现率。

（2）不可再生资源多时段消耗。

考虑目标函数：$\max W=\int_{t=0}^{t=\infty}U(C_t)e^{-\rho t}dt$

约束条件：s. t. $\frac{dS}{dt}=-R_t$ （2.7）

进一步变形，考虑不可再生资源在时间 t=0 到 t=T 内选择其开采途径 R_t，得：

目标函数：$\max W=\int_{t=0}^{t=\infty}U(R_t)e^{-\rho t}dt$

约束条件：s. t. $\frac{dS}{dt}=-R_t$ （2.8）

随着边际贴现的不断提高，社会福利将不断升高，因此，只有边际效益贴现在任何时间上都相等，社会福利才最大。假设 $U(R)=\int_0^R(R)dR$，那么 $\frac{\partial U_t}{\partial R_t}=P(R)_t$，也就是说，不可再生资源的边际效益等于不可再生资源的净价格。那么，$P_t e^{-\rho t}=P_0$，也就是说，$P_t=P_0 e^{\rho t}$。

进一步假设，不可再生资源的需求函数为一个非线性函数：

$P(R)=Ke^{-aR}\Rightarrow K=Pe^{aR}$ （2.9）

当 R=0 时，P=K。所以，函数中的 K 代表当这类不可再生资源消耗殆尽，或者说当此类不可再生资源的价格为 K 时，社会将转移使用其他替代资源来取代此类不可再生资源。

由 $P_t = P_0 e^{\rho t}$ 和 P（R）$= Ke^{-aR}$，我们可以得到 $P_0 e^{\rho t} = Ke^{-aR}$　(2.10)

上述模型的现值哈密尔顿函数 Hamilton 为：

$$H = U(R_t) + P_t(-R_t) \tag{2.11}$$

解得：

$$\frac{dP}{dt} = \rho P_t, \quad -\frac{dP}{dt} + \frac{dU}{dR} = 0 \tag{2.12}$$

运用最大化原理的最优控制理论，资源在 t 时刻存量为 0，此刻，$P_t = K$，那么，$K = P_0 e^{\rho T}$，结合 $P_0 e^{\rho t} = Ke^{-aR}$，得：

$$P_0 e^{\rho t} = P_0 e^{\rho T - aR} \Rightarrow R(t) = \frac{\rho}{a}(T - t) \tag{2.13}$$

$$\text{由于 } S = \int_0^T R(t)dt$$

$$\Rightarrow S = \int_0^T \frac{\rho}{a}(T - t)dt$$

$$\Rightarrow T = \left(\frac{2aS}{\rho}\right)^{1/2}$$

$$\Rightarrow P_0 = Ke^{-(2\rho aS)^{1/2}}$$

$$\Rightarrow P_t = Re^{\rho(t-T)}$$

$$\Rightarrow R_0 = \frac{\rho}{a}(T - 0) = \left(\frac{2\rho S}{a}\right)^{1/2}, \quad R_T = 0, \quad R_t = \frac{\rho}{a}(T - t) \tag{2.14}$$

2.5.2　可再生资源的最优消耗

以森林旅游资源中的林地资源为例。资源的增长符合以下方程：$G(F) = A_t \times V_t$，$\frac{dF}{dt} = G(F_t) - f_t$。式中，G（F）代表林地资源的净增长，$f_t$ 代表 t 时刻林地资源的消耗，A 代表单位林地上的林业资源数量，V 代表林地面积。

考虑消耗资源需要成本，其大小与消耗量和存量相关。成本方程可表示为：$C_t = C(h_t, S_t)$，消费函数为 M_t，效用函数为（M_t）。式中，h_t 代表 t 时刻资源的消耗量，S_t 代表 t 时刻资源的存量。

考虑环境的压力 E（林地资源消耗对森林旅游行业产生的污染，其指标度量可包括空气质量、植被、天气统计数据、鱼类和野生动物数量、湖泊和河流质量、饮用水质量、视觉环境、噪声水平、原始森林覆盖率、再造林质量，等等）对产业发展的影响。一方面，E 将通过效用函数对旅游业发展产生负面影响，相关的效用函数为 $U = U(E)$ ，假定 $U(E) < 0$ ，且环境压力指数与资源的使用率和污染物在环境中的存量相关，因此 $E = E(f,J)$ 。所以有 $E_f > 0$，$E_J > 0$。另一方面，将通过生产函数对旅游业发展产生作用。通过砍伐林地资源，加大人为活动的频度过度发展旅游业将导致地方的局部气候变化，导致旅游地整体环境恶化，进而降低、破坏整体旅游价值。因此，考虑环境压力 E 的生产函数为 $Q = Q[f,K,E(f,J)]$ 。进一步考虑污染物在环境中污染物的存量 J，污染水平 J 与污染排放量和污染物衰减量 δ 有关，即 $J_t = \int_0^t [M(f_\tau) - \delta J_\tau] d\tau$ 。再进一步，考虑污染的监控和治理需要投入成本，假设 $N = N(V)$，$N(V) > 0$ ，N 表示投入治污费用 V 带来的污染物存量的减少量，所以有 $J = M(f) - \delta J - N(V)$ 。

考虑消耗资源带来收益，用 $B(f)$ 表示。考虑资源开采的成本，与资源的存量和消耗量有关，用 $C(f,F)$ 表示。

综上所述，对于林地资源、劳动力和环境三个方面约束框架下的模型刻画，考虑两个层面四个函数的构建。首先，定义一个社会福利函数，为体现“可持续”的概念——认为以下新型产业系统模型的构建建立在确保消费在代际间非下降的“哈特维克—索洛可持续性准则”、不损害我们的后代满足他们需求的能力的发展下满足当代人的需求的“布伦特兰报告”的基础上，假定社会贴现率为 ρ，建立连续的序数效用性社会福利函数 $W = \int_{t=0}^{t=\infty} Ue^{-\rho t} dt$ ，为了方便数据的收集与处理，将 U 定义为一个与从业人员收入、资源开采成本和环境恶化指数相关的特殊形式的函数，即 $U = B(f_t) - C(f_t,F_t) - E(f_t,J_t)$ 。其次，模型满足三个约束条件，一是认为优化后的旅游产业实现稳态的收益模式，即通过合理的资源管理和控制使得旅游产业处于最大的可持续产量（而传统的产业发展更大程度上是一种忽略全局的，不计资源有限性的局部开发模式）。二是认为环境的恶化和污染物的排放势必会阻碍产业和社会的可持续发展，在追求目标函数的最大化的时候，必将受到环境的负外部性影响，需要通过投入必要的费用来治理或减少轻污染影响。三是从消费、产出、污染排放与经济系统资本存量变化核算等式推导而出。产出在消费、资源开采成本、环境恶化的负面影响、环境改善成本之间分配，没有被消费和转移消费的部分导致资本存量的变化。

目标函数：$\max W = \int_{t=0}^{t=\infty} \left\{ \frac{B(f_t)}{L} - C(f_t, F_t) \right\} e^{-\rho t} dt$

约束条件：s. t. $\frac{dF}{dt} = G(F_t) - f_t$

$$\frac{dK}{dt} = Q(K_t, f_t) - \frac{B(f_t)}{L_t} - C(f_t, F_t) \tag{2.15}$$

式中，B 表示消耗林地资源的森林旅游从业人员的总收益；L 表示消耗林地资源的森林旅游从业人员的数量；$\frac{B}{L}$表达的是人均的概念。

模型的现值哈密尔顿函数 Hamilton 为：

$$H_t = \frac{B(f_t)}{L} - C(f_t, F_t) + P_t(G(F_t) - f_t) + \omega_t \left(Q\{K_t, f_t\} - \frac{B(f_t)}{L_t} - C(f_t, F_t) \right) \tag{2.16}$$

解得：

$$\frac{\partial H_t}{\partial f_t} = 0 \Rightarrow \frac{1}{L} \times \frac{\partial B}{\partial f_t} - \frac{\partial C}{\partial f_t} - \frac{\partial E}{\partial f_t} - P_t - \omega_t \left(\frac{\partial Q}{\partial f_t} + \frac{\partial Q}{\partial E} \times \frac{\partial E}{\partial f_t} - \frac{1}{L} \times \frac{\partial B}{\partial f_t} - \frac{\partial C}{\partial f_t} \right) + \lambda_t \times \frac{\partial M}{\partial f_t} = 0$$

$$\frac{\partial H_t}{\partial V_t} = 0 \Rightarrow \omega_t = -\lambda_t \times \frac{\partial N}{\partial V_t}$$

$$\frac{dP_t}{dt} = \rho P_t - P_t \times \frac{\partial G(F_t)}{\partial F_t} + \frac{\partial C}{\partial F_t} + \omega_t \times \frac{\partial C}{\partial F_t}$$

$$\frac{d\omega_t}{dt} = \rho \omega_t - \omega_t \times \frac{\partial Q}{\partial K_t}$$

$$\frac{d\lambda_t}{dt} = \rho \lambda_t + \delta \lambda_t + \frac{\partial E}{\partial J_t} - \omega_t \left(\frac{\partial Q}{\partial E} \times \frac{\partial E}{\partial J_t} \right) \tag{2.17}$$

式中，P_t、ω_t、λ_t 分别表示出基于林地资源、劳动力、环境三方约束下的林地资源、资本存量和环境污染存量的影子价格，是最优化配置的静态条件；$\frac{dP_t}{dt}$、$\frac{d\omega_t}{dt}$、$\frac{d\lambda_t}{dt}$分别表示出各种影子价格沿着最优路径上变动的情况，是最优化配置的动态条件。

3　森林公园旅游地的环境承载力

3.1　旅游地的环境承载力

关于旅游业发展对周边产业、环境和社会的影响，总要涉及承载力的概念和对影响进行评估的手段。简单地说，旅游地环境承载力（Tourism Environment Carrying Capacity，TECC）就是指一个点，超越了这个点后再增加游览人数或者开发，将会对自然环境和旅游者经历造成不可容忍的破坏（Getz，Reilly）[34]。旅游承载力主要受两种因素的影响：即旅游者的特征、目的地地区及其人口特征。旅游者特征包括旅游者社会经济变量和旅游行为特征，如年龄、收入、性别、花钱的可能性、出游动机、态度与期望、民族和种族背景、行为模式、旅游设施使用水平、游客密度、停留时间、旅游活动类型、游客满意度等，还需要考虑可使用面积、环境脆弱度、野生动物资源、地形和植被、动物对观光者的不同敏感度等环境因素。这些因素将对目的地的自然特征、对当地人的相互作用的规模、频率和类型产生影响。目的地地区特征包括自然环境、经济结构与经济发展、经济结构与组织、政治组织和旅游发展的水平等。由此可见，在考察旅游的影响时，必须认识到承载力在旅游者与资源之间所起的轴心作用。显然，资源的特征（包括自然特征、开发水平、社会结构等）显得非常重要，因为它决定了旅游地对旅游和旅游开发所能承受的强度[35]。

3.1.1　国外旅游环境承载力问题相关研究

环境容量的概念最早是由比利时数学生物学家弗 P. E. Forest 根据马尔

萨斯的人口论提出的，他认为生物种群在环境中可以利用的食物量有一个最大值，动物种群的增加相应也有一个极限值，种群增长越接近这个极限值，增长速度越慢，直到停止增长。这个极限值在生态学中被定义为“环境容量”，该理论随后被应用到人口研究、环境保护、土地利用、移民等领域[36]。而国家公园或保护区的环境容量（Recreation Carrying Capacity）的提法最早出现在20世纪30年代中期，当时美国国家公园管理局呼吁对国家公园承载力（Carrying Capacity）或饱和点（Saturation Point）进行研究。20世纪60年代，由于旅游的大众化发展，成千上万的旅游者涌向旅游地，导致部分旅游地拥挤不堪，不仅旅游者不满意，而且旅游资源和生态环境也遭受了破坏。对此，学界逐渐认识到一定时间内某一旅游地接待的游人数量应该有一定的限度，以保证旅游环境质量水平，使绝大多数旅游者满意，并提出了旅游环境容量的概念[37]。随后，美国学者 Wagar[38]指出，旅游环境容量是一个旅游地能够长期维持产品品质的旅游活动量。

总体上看，20世纪70年代以前，由于缺乏深入的考察和当时社会背景的局限，旅游环境承载力问题未受到重视。对此，Shelby[39]警告道：“旅游应维护旅游环境场所的质量，避免破坏舒适的气氛和野生动物。到目前为止，对于旅游资源生态的、物质的、经济的和感知的容量几无研究，令人惊讶”。此后，关心旅游环境承载力问题的人逐渐增多。Lime 和 Stankey[40]提出，旅游环境容量是指某一地区、在一定时间内、维持一定水准给旅游者使用，而不破坏环境和游客体验的利用强度。Lime 和 Minning[41]建议将旅游环境容量分成生物物理容量（Biophysical Capacity）、社会文化容量（Social-Cultural Capacity）、心理容量（Psychological Capacity）和管理容量（Managerial Capacity）四类进行研究。在旅游环境承载力的研究方法方面，20世纪70年代国外对旅游环境承载力的研究主要采用观察试验、设计图表、案例调查等方法，目的是实现旅游环境承载力的量化价值。欧美国家土地利用专家选择一些典型地区，探讨资源地（Resource Base）开展旅游活动时其旅游环境承载力的估算问题，他们在计算旅游地自然环境容量（Physical Capacity of Land）的方法和手段方面较先进。

到了20世纪80年代，全球有更多的机构和学者开始研究旅游环境承载力问题。对此，Stankey[42]提出了旅游环境承载力研究应遵循的三个原则：①首要的关注点应该放在控制环境影响方面，而不是控制游客人数方面；②应淡化对游客人数的管理，只是在非直接管理的方法行不通时，再来控制旅游者人数；③准确的监测指标数据是必要的，这样可以避免规划的偶然性和假设性。Stankey 的贡献在于他将人们从当时计算环境承载力的“数字泥潭”中拉了出来，重新审视环境承载力要解决的本质问题。世界旅游组织（简称 WTO）分别于 1980～1981 年和 1982～1983 年进行了“度假地饱和”、“度假地饱和或超过承载力的风险”等课题的研究工作。Mathieson 等[43]从环境和体验的角度考察旅游环境承载力，认为旅游环境承载力是在对自然环境未造成不可承受的变化和对旅游者的体验质量未造成不可接受的下降的前提下，允许使用一个地点的最多游人数量。Douglas Pearce[44]认为，旅游环境承载力实际上是旅游者、旅游资源和旅游地之间的一种关系，他将旅游环境承载力分为物质承载力、生态承载力和心理承载力三个部分。Edward Inskeep[45]认为旅游环境承载力包含两层含义，一种是旅游业的接待能力（如旅游基础设施的规模），另一种是环境的承受能力。最值得一提的是，美国国家林业局的专家们于 20 世纪 80 年代在旅游环境承载力研究中提出了 LAC 理论（Limits of Acceptance Change）[46]，它以一套九步骤的管理过程来代替单纯的“承载力计算”，该理论至今广泛应用于美国、加拿大、澳大利亚等国家的旅游地保护与管理之中，在解决资源保护和旅游发展之间的矛盾方面取得了较好的效果。

进入 20 世纪 90 年代后，随着旅游业的蓬勃发展、旅游环境问题日益突出，旅游环境承载力再次成为旅游研究热点。Elio Canestrelli 和 Paolo Costa[47]认为，旅游环境承载力应该从生态学和经济学的角度进行定义，前者是指某一旅游点处于最大压力状况时所承受的游客最大值；后者是指在游客感知质量保持恒定时所能承受的游客最大值。Phillips[48]在对 Julian Rocks Aquatic 自然保护区进行研究后，将旅游环境承载力定义为自然资源在没有受到不可接受的破坏程度基础上所能维持的利用资源的质量。Mieczkowski[49]在总结了大量研究成果的基础上，提出旅游环境承载力概念的建立需要满足三个条件：一是不降低自然环境质量；二是不降低游客所感受到的旅游经历本身的质量以及旅游活动参与者满意的程度；三是不会伤害当地居民的幸福程度，即不超过当地居民所能忍受的旅游对目的地的影响的最大水平。同时，针对学者们在探讨旅游环境承载力问题时很少涉及经济分析的问题，Derrin Davis 和 Clem Tisdell[50]在对 Marine Protected Areas 的旅游环境承载力进行探讨时，对旅游环境资源进行了经济学分析，提出了旅游经济承载力的概念。Kreg Lindberg 和 Stephen McCool 等[51]认为，尽管传统的旅游环境承载力听上去是一个很吸引人的概念，但由于受客观条件的限制，用它来描述旅游活动出现的复杂情况却不合适，因此他们建议用新的、包含合适概念和过程的框架来代替传统的旅游环境承载力的概念。

近年来随着对旅游环境承载力研究的不断深入，国外学者普遍相信实施有效的管理措施可以提高旅游环境承载力，借助计算机技术研究旅游环境承载力计算模型也日益受到重视。Alexis Saveriades[52]对社会环境承载力进行了专题论述，他认为旅游业的过剩发展可能导致社会、文化的破坏，社会环境承载力虽不是固定的，但可以通过有效的管理手段达到。“旅游者数量”是旅游环境承载力研究的核心，限制“旅游者数量”是旅游环境承载力多种待选管理手段中极其关键的一种，但 Tony Prato[53]认为，旅游环境承载力不是以旅游者的数量为衡量标准，而是以自然资源和人类可接受的影响为衡量标准，并引入 AEM（Adaptive Ecosystem Management）和 MASTEC（Multiple Attribute Scorning Test of Capacity）技术作为空间决策的支撑工具和应用模型体系，以消除旅游活动带来的不利影响。Steven 等[54]应用计算机模拟模型对 Arches 国家公园的社会环境承载力进行了监测，并提出了相应的管理对策。Fernando[55]对旅游环境承载力存在的共性问题进行了研究，通过对 Hengistbury Head 的旅游环境承载力的实证分析，提出了调节该地区旅游环境承载力的有关措施。Ihab Mohamed Shaalan[56]认为，旅游环境承载力与可持续发展理论的联系密切，它是旅游可持续发展的中心议题，通过分析旅游环境承载力的利用程度，可以对旅游目的地的可持续发展进行评估。

3.1.2 国内旅游环境承载力问题相关研究

与发达国家相比，我国旅游业起步较晚，关于旅游环境承载力的研究相对滞后。国内对旅游环境承载力的研究最早可追溯到 20 世纪 80 年代初，在继承国外研究成果的基础上，国内旅游环境承载力的研究已经呈现出从定性分析到定量研究、从单一性分析到综合性研究的发展趋势。需要指出的是，国内在 20 世纪 90 年代中期之前，较少使用“旅游环境承载力”一词，普遍使用“旅游环境容量”这一概念，即通常将 Tourism Environment Carrying Capacity 译作旅游环境容量。

作为国内最早探讨旅游环境容量问题的学者，赵红红[57]将旅游环境容量定义为一个风景点、风景区，乃至一座风景城市这样特定的环境中，在一定时间内所容纳的旅游者密度的上限。她认为风景区空间环境不同，环境容量也不相同，而且旅游资源空间容量即能代表环境容量，并给出了计算公式。赵红红关于旅游环境容量的研究虽然仅仅局限于旅游资源空间容量方面，在旅游环境容量的计算方法上也较为单一，但她开启了国内旅游环境容量定性和定量研究的先河。随后刘振礼、金键[58]对旅游环境容量作了概念上的探讨和计算上的尝试，他们将旅游环境容量称为“特定区域的旅游规模”。汪嘉熙[59]对苏州园林风景区的容量问题作了研究，并通过典型调查确定了苏州有关园林风景区的环境容量即每天最适旅游者数量。保继刚[60]在“颐和园旅游环境容量”一文中指出，旅游环境容量有两个方面的内容：一是自然环境容量，即物理和生态意义上的环境容量；二是感应气氛的环境容量，即游客的数量应限制在不破坏游兴的范围内。因此，他将旅游环境容量定义为在满足游人最低游览要求（心理感应气氛）和达到保护风景区环境质量要求时风景区所能容纳的游客量。虽然保继刚没有对所谓的物理和生态意义上的环境容量进行定量计算，也没有考虑经济容量等指标，但其对旅游环境容量的理论分析和对颐和园旅游环境容量的测算，具有很高的学术价值和实践意义。丁文魁[61]在其出版的《风景名胜研究》一书中，较为系统地分析了风景区容量的测算指标：单位规模指标、风景区的最大可容量、风景游览空间和设施总面积、周转率、高峰日容量、年容量等。在吸收国外研究成果的基础上，楚义芳[62]指出，旅游环境容量是一个概念体系，根据容量的属性可分为基本容量和非基本容量两大类，前者包括旅游心理容量、旅游资源容量、旅游生态容量、经济发展容量和地域社会容量，后者是基本容量在时间和空间上的具体化与外延，包括旅游合理容量和旅游极限容量、既有旅游容量和期望旅游容量，以及与旅游活动空间尺度相联系的容量（景点容量—景区容量—旅游地容量—区域旅游容量）。同时还在旅游环境容量测量模型方面进行了富有成效的研究。进入 20 世纪 90 年代，国内关于旅游环境承载力的理论探讨方兴未艾，相关研究成果开始在旅游开发规划和管理中得到应用。郭来喜、保继刚[63]提出，应从旅游地域系统——旅游客体子系统（旅游资源）、旅游媒体子系统（旅游设施结构和旅游服务管理）、旅游主体子系统（旅游者）出发，加强对旅游环境容量理论和方法的研究。冯孝琪[64]认为，旅游区最适环境容量是指在保证游览效果的前提下，旅游场所容纳的最高旅游者数值。崔凤军[65]认为，旅游环境容量是旅游环境承载力的一个分支，而旅游环境承载力是由环境生态承纳量、资源空间承纳量、心理承纳量和经济承纳量四项组成，具有客观性、可量性、可控性、存在最适值和最大值等特征。同时，他指出旅游经济活动对环境带来的各种负荷，基本上是由于游客和游览活动造成的，而且游客人数的多寡直接影响旅游环境的经济产出——旅游收入，因此可以用旅游区所能容纳的游客数量作为旅游区的环境承载力。虽然崔凤军在旅游环境承载力计算公式中回避了环境生态承纳量，仅给出了资源空间承纳量（REBC）、当地居民心理承纳量（PEBC）和经济承纳量（DEBC）的测算模型，并认为旅游环境承载力＝min（REBC，PEBC，DEBC），但他比较全面地阐述了旅游环境承载力的各分量特征，其研究具有较高学术地位和一定的代表性。胡炳清[66]借鉴生态学理论，对旅游环境容量的测算方法进行了较为深入的探讨。随后，崔凤军、刘家明[67]还对旅游环境承载力的内涵及构成作了进一步探讨，分析了影响旅游环境承载力的社会—文化环境、社会—心理环境和社会—经济环境，构建了旅游环境承载力指数和运算模型，在这个系列的模型构建中，刻画出影响旅游承载力的三个主要因子：游客密度指数 $VID=\frac{\text{游客人数（T）}}{\text{当地居民人口数（R）}}$、旅游经济收益指数 $EII=\frac{1}{\text{漏损率（L）}}=\frac{1}{1-\text{边际消费倾向（mpc）}}$、土地利用强度指数 $LII=\frac{\text{旅游用地面积（}A_t\text{）}}{\text{居民用地面积（}A_r\text{）}}$，并据此构造出旅游承载力 $TBCI=K\cdot\left(\frac{R}{T}\right)\cdot\left(\frac{1}{L}\right)\cdot\left(\frac{A_r}{A_t}\right)$。明庆忠、李宏、王斌[68]提出了旅游环境容量新的概念体系，他们认为旅游环境容量是由自然旅游环境容量、经济旅游环境容量和人文旅游环境容量组成。

近年来，随着旅游业的蓬勃发展和环境保护意识的日益增强，对旅游环境承载力的研究也更加深入。刘玲[69]对前人的工作进行了总结，在对旅游环境承载力的基本理论进行分析的基础上，从旅游六要素出发建立了旅游环境承载力的概念体系和指标体系，并以黄山为例进行了实证研究，为黄山旅游环境承载力的控制和管理提供了有一定价值的参考依据。赵黎明、黄安民、张立明[70]认为，旅游环境容量是指旅游景区的生态系统在保持其生产能力、适应性和再生能力的同时还能支持一个健康发展机制的能力，并指出旅游景区因地域、季节、时间、开发利用者的行为、设施的设计、设施的类型和管理水平的不同，环境容量也不同。文传浩、杨桂华[71]针对我国自然保护区发展状况，在分析了自然保护区旅游环境承载力各影响因素的基础上，构建了自然保护区生态旅游环境承载力的评价指标体系。全华[72]指出，不同的环境因子，其脆弱性不同，基于其承载力的生态旅游环境容限值也不同，根据最低量定律，旅游环境生态容限值的大小往往受限于旅游环境容限值最小分容限值，该分容限值决定了整个旅游环境生态容限值。全华的目的在于进一步明确和简化研究对象，使旅游环境承载力问题的解决更具可操作性，但其缺陷也较为明显，如他并没有就脆弱因子的确定作出合理的解释。杨锐[73]阐述了从环境容量理论到LAC 理论的发展历程，介绍了 LAC 理论的步骤和衍生技术方法，他认为旅游环境容量的“极限”并不单纯指旅游者的数量极限，更重要的是指环境受影响的极限。并且尝试将 LAC 理论应用到国内部分风景名胜区的规划设计中，为中国旅游开发规划与管理提供了新的方法和途径。王剑、彭建[74]指出，通过对旅游环境承载指数（即旅游环境承载率）的计算和分级，一方面可以对旅游地的开发规划方案作初步的评价；另一方面可以对旅游开发引起的旅游环境承载力的利用状况（弱载、适载、超载）进行调整，进而达到基于旅游环境承载指数的旅游开发规划优化设计的目的。杨秀平、翁钢民[75]在对旅游环境承载力的概念及内涵进行分析的基础上，认为旅游环境承载力的大小随时间和季节的变化而动态波动，因此旅游环境承载力测量模型的构建需要考虑时间或季节因素的影响。为避免或减少旅游环境承载力超载和弱载给旅游景区环境系统带来的危害，翁钢民、赵黎明、杨秀平[76]界定了旅游景区环境承载力预警系统的内涵，分析了旅游景区环境承载力预警系统的运作模式，建立了旅游环境承载力预警系统的指标模块、权重模块、预测模块和警戒区间模块，并探讨了完善旅游景区环境承载力预警系统的相关对策。由此得到结论：旅游环境承载力是一个由众多要素构成的复合系统，为维持各要素之间的动态平衡，旅游地应该采取提高客体子系统的弹性力、媒体子系统的保障力、主体子系统的意识力等旅游环境承载力管理措施，实现旅游环境的可持续承载。

3.1.3 小结

对于旅游承载力的研究，早期主要侧重于自然、生态方面，后期逐步转向于对社会心理容量的关注。旅游者的大量涌入不仅给当地经济生活和经济系统产生冲击，也会对当地的社会价值系统和文化传统带来不可忽视的影响，这就产生了旅游的经济容量、文化容量等概念。当地居民对旅游者的出现及其行为的容忍程度决定了当地社会容量的大小，而经济结构的稳定性则影响到其经济容量的大小。由此可见，旅游承载力的研究对地区旅游开发的影响是非常大的。

从一定程度上说，量化旅游对产业经济、环境和社会的影响的困难加大了对旅游影响进行评估的方法上的难度。而新型的旅游模式，特别是生态旅游行业（比如森林生态旅游），将大大加强对旅游的合理规划和管理，并控制其发展稳定地处于可持续的旅游路径上。因此，控制的问题仍然是与承载力密切相关的，它将旅游地“控制”在能够接受一定数目的游客的范围内。通过完整产业链条上下游产业的互补协助，产生合理的资源配置，结合适当的政府行政管理，将使得旅游地可以接待大量的旅游者而不会出现环境和旅游经历的质量下降。但需要强调的是，这样的新型合作需要多部门跨行业的耦合互动，毕竟在这个多元化的社会里，旅游利益相关者（包括旅游者、开发商、规划师、环境主义者、当地居民等）之间的争端与紧张都将最终决定旅游的发展水平。

此外，需要指出的是，虽然旅游环境承载能力对旅游地区的发展影响巨大，但是，从产业经济学的角度，较之农业发展不同，旅游行业虽然同样受到水土资源、矿产资源、环境容量、地质结构等“先天性”因素的制约，但通过技术手段解决这些因素制约的能力更强，合理的规划方案（通过土地置换增加建设用地）、运用环保技术提高环境容量、技术革新提高资源利用率、产业发展结构和水平调整、社会保障、基础设施等“后天性”因素对城市旅游行业发展潜力的影响更大，或者说更容易成为制约旅游行业发展潜力的“瓶颈”[77]。

3.2 旅游地的环境承载力研究的理论基础

旅游地的环境承载力测算需要借鉴和运用相关学科的理论、方法和手段，其中主要包括可持续发展理论、系统科学理论、旅游地生命周期理论、门槛理论、社会交换理论以及旅游需求与供给规律等。

3.2.1 可持续发展理论

（1）可持续性的概念。可持续性包含以下六个方面：一是可持续状态是效用或消费不随时间而下降；二是可持续状态是自然资源得到管理以维持未来的生产机会；三是可持续状态时自然资本存量不随时间而下降；四是可持续状态是自然资源得以管理以维持资源服务的可持续产量；五是可持续状态是满足生态系统在时间上的稳定和弹性的最小条件；六是可持续发展是能力和共识的构建。并且，上述概念不互相排斥。

对于效用或消费不随时间而下降这一可持续性的注解，Hartwick[78]是这个概念的倡导者。Hartwick 建立模型研究了单一消费品的确定可实现非下降消费条件，并推导出以特定的储蓄准则为中心的哈特维克准则。该准则认为，开发不可再生资源得到的收益储蓄下来，作为生产资本投入，产出和消费的水平在时间上将保持为常数。另外一个持相似观点的是 Solow[79]，他提出假设，认为可持续状态旨在满足代际平等的相关准则。他认为，假定社会觉得要在代际间分配效用，那么就出现一个关于 Rawlsian 伦理框架的代际公平分配判断原则，在这个框架下，人均消费的非贴现效用在无限时间上是常数。虽然“哈特维克—索罗可持续准则”被认为是一个非常经典的可持续发展理论，但也存在很大的缺陷，例如，准则没有提出非下降消费的初始水平，因此也就无法甄别生活标准极低的状态与真正意义上的可持续状态之间的区别了。

对于管理资源以保存未来的生产机会这一可持续性的解释，布伦特兰报告[80]给出了经典的定义：“可持续发展是既能满足当代人的需求，又不损害后代人满足他们需求的能力的发展”。任一时刻的生产潜力决定于可用的资产的存量，广义上的资本包含有自然资本（水、土地、森林、石油、生物资源，等等）、实物资本（工厂、设备以及其他基础设施）、人力资本（技术存量）、智力资本（技术、知识），要维持经济生产力不变，只能保持上述资本随时间的变化非下降。特别由于自然环境与资源的完全不可替代（或很大程度不可替代）性，需要严格地将资本存量保持为非下降状态。

维持自然资本存量是保持经济生产潜力得以持续的必要条件。Atkinson 和 Pearce[81]对涉及可持续发展的资本进行了度量，提出判定稳定的资本存量的两个变量并进行了验证。结果显示，自然资本与其他形式的资源的替代性是悲观的。

对于管理自然资源以维持资源服务的可持续产出，意味着资源的最大可持续产量是某些环境系统所维持的最大可能的服务量，或者说，必须存在可积累的资源存量。持有上述观点的是 Daly[82]的稳定态模型。他认为“稳态经济被定义为稳定的物质财富（人造物）和稳定的认可，每一种都保持同样的选择，需要低的通量水平，即低的出生率等于低的死亡率，低的物质生产率等于低的折旧率，以使人民长寿和物质存量保持高水平。通量可以看做是维持存量的成本，从低熵物质的开采（耗减）投入端开始，到等量的高熵废物（污染物）产出端结束。通量是维持认可和人造物的不可逆成本，相对于所选择的维持成本应最小化”。

可持续状态是满足生态系统长期稳定和具有弹性的最低标准。Costanza 指出[83]：可持续性是人类经济系统与更广阔而又缓慢变化的生态系统之间的一种动态关系。在这一生态系统中，人类生命可以无限延续，人类可以繁荣，人类文化可以发展。但人类的活动只能在环境允许的范围内进行，以不破坏生命支持系统的多样性、复杂性及其功能为准则。Common 和 Perrings[84]定义，一个系统如果有弹性的话，它就是可持续的。因此，任何减少系统弹性的行为都是潜在不可持续的。根据上述假定，Schaeffer[85]提供了一系列指数用以监测生态可持续，包括：天然物种种数的变化、代表性作为的生物量变化、微量矿物营养元素的变化、防止生态震动的机制和能力的变化，等等。

WCED 报告[86]给出了一系列可持续发展的内容，具体见表 3.1。

表 3.1 可持续发展的内容和要求

内 容	要 求
建立生态极限和更为公平的标准	需要倡导这样的观念，即在生态条件允许的限度内建立一套所有人都会追求的消费标准
经济活动重新分配和资源的重新配置	满足基本需要在一定程度上取决于实现充分增长潜能，很显然可持续发展要求在需要未能满足的地方大力发展经济
人口控制	尽管这不仅仅是人口规模问题，而是资源配置问题，只有人口发展与生态系统潜在生产力的变化相适应才能谋求可持续发展
基础资源保护	可持续发展决不能危及维系地球上生命的生态系统：大气、水、土壤以及各种生物
促进资源公平配置，改进技术提高资源利用效率	就人口和资源利用而言，增长没有既定的限制，然而绝对极限确实存在，超过它将导致生态危机，故可持续性要求在生态远未达到极限之前，务必使有限资源公平配置，并力争改进技术以缓解压力
承载力及可持续收益	大多数可再生资源是错综复杂的生态系统的组成部分，最大的可持续收益的定义必须先考虑资源利用效应
资源的保持	可持续发展要求将不可再生资源的损耗率预先降至最低
生物多样性	可持续发展要求尽力保护动植物物种资源
负面影响最小化	可持续发展要求将空气、水及其他自然资源的负面影响降到最小，以保存整个生态系统的完整
社区控制	社区控制影响当地生态系统的开发决策
国家/国际政策大框架	生物圈是全人类共同的家园，共同管理生物圈是维护全球政治稳定的先决条件
环境质量	共同的环境政策是全面质量管理概念的拓展
环境审计	有效的环境审计系统是良好的环境管理的核心所在

（2）可持续发展理论在森林公园旅游环境承载力研究中的运用。旅游业作为资源型产业，有赖于世界的馈赠和社会遗产[87]。一方面，森林资源作为旅游经历性产品出售；另一方面，这些资源必须和其他使用者共同分享。因此，

森林公园的旅游资源出于自身利益将积极追求可持续发展，并与其他团体、行业以及政府合作，通过对诸如海边、湿地、山地、雪原等敏感地带以及对其中带有明显地域性的动植物种群的保护性开发，以确保森林旅游资源完整性。许多地方的实证表明，可持续发展和经济诉求完全可以协调一致，而且通过适当的立法保护与激励，将森林旅游纳入到环境约束的框架下，可以保持健康的发展势头。加拿大的度假地公司环保计划[88]就是一个成功的案例。该计划设定目标在两年之内使垃圾量减少50%，耗纸量减少20%。同时通过改进灯泡和使用带有“环保标识”的喷淋头和水龙头以节约更多的能源和水资源。

对于森林公园旅游资源与项目的开发，可借鉴Taylor和Stanley设计的优先次序矩阵进行分析，通过建立一个监控体系，即时的、分步骤的、动态的调整开发战略[89]。

表3.2 森林公园可持续发展项目的监控体系

范围	当前	中期	长期
森林景观	各种论题的案例研究；经营管理；参与；损益分析；文化；环境审计	保护区域的价值（包括经济价值和审美价值）；愿意支付调查；增强经历的手段；案例研究中对变化的监控	
当地	目的地分析；分项承载力分析	纵向研究；变化性质分析	社会指标；经济指标；自然指标；文化指标
区域	资源普查；市场需求及态势的分析	市场需求及态势的纵向研究；成本、效益测量	
国家	协调；传播；标准	网络建设；信息交流机构；方法论的研究；模型及范例	
国际	合作；适应	信息交流机构；术语定义	

3.2.2 系统论与自组织理论

（1）系统论的概念。系统论是20世纪40年代由Bertalanffy提出，并经Prigogine、Haken、Eigen等人加以发展起来的。系统论主要从其内涵、特征、构成要素、分类及数学模型等方面为研究森林公园生态系统与旅游资源的承载能力及演化机制提供了理论来源。所谓系统是相互关联的元素的集，是一个"整体"或"统一体"，它是由许多相互关联、相互制约的各个部分所组成的整体[90]；系统具有整体性、层次性等特征。每个系统都具有结构与功能[91]。系统可以分为封闭系统与开放系统[92]。系统问题本质上是针对分析方法在科学中应用的局限性问题[93]。在数学模型构建方面，根据系统论的观点，旅游资源可以看做是一个系统，是由资源内部各子系统构成的，把整个旅游环境看做系统，用动力学方程来刻画旅游产业的演化轨迹，可以更好地把经济现象转变成数学模型。

（2）自组织的概念。自组织领域涉及的是事物自发、自主形成结构的过程，在这种过程中存在着特有的自组织特征、条件、环境和动力学规律。自组织理论是一个理论群，它主要于20世纪60年代由G. Nicolis，I. Prigogine提出的"耗散结构"理论（Dissipative Structure theory）、Haken的"协同学"理论（Synergetics theory）、Tom的"突变论"（Morphogensis theory）、M. Eigen和P. schuster提出的"超循环"理论（hypercycle theory）以及B. B. Mandelbrot创立的分形理论（Fractal Theory）等理论共同组成的。

耗散结构理论由Prigogine于1969年在国际"理论物理与生物学会议"上发表的"结构、耗散和生命"一文中首先提出的，耗散结构是自组织现象中的重要部分，它是一个远离平衡态的非线性的开放系统（不管是物理的、化学的、生物的乃至社会的、经济的系统）通过不断地与外界交换物质和能量，在系统内部某个参量的变化达到一定的阈值时，通过涨落，系统可能发生突变即非平衡相变，由原来的混沌无序状态转变为一种在时间上、空间上或功能上的有序状态。对于自组织理论而言，耗散结构论是具有起点意义，堪称为第一原理意义的理论[94]。

协同学是研究由完全不同性质的大量子系统（诸如电子、原子、分子、细胞、神经原、力学元、光子、器官、动物乃至人类）所构成的各种系统，以及这些子系统是通过怎样的合作才在宏观尺度上产生空间、时间或功能结构的，特别是以自组织形式出现的那类结构[95]。哈肯用协同理论对物理学、化学、电子学、生物学、计算机科学、生态学、社会学、经济学等学科中存在的现象进行分析。协同学在整个自组织方法论中处于一种动力学方法论的地位。

突变论，研究的是系统在其演化中的可能路径，是关于演化途径的理论。临界概念、渐变和突变概念，以及对问题处理时所采取的结构化方法，对冲突的关注，对行动与理解的相互矛盾的关系的解释等，具有重要的方法论启示[96]。

超循环理论是由德国生物物理学家艾根提出的，他在德国《自然杂志》上发表“物质的自组织和生物大分子的进化”一文，正式建立了超循环理论。1973 年与舒斯特尔一起发表了一系列文章，系统地阐述了超循环理论。认为超循环是一个自然的自组织原理，它使一组功能上耦合的自复制体整合起来并一起进化，超循环是一类全新的、具有独特性质的非线性反应网络，超循环可以通过趋异突变基因的稳定化，而起源于某种达尔文物种的突变体分布中，一旦聚集起来，超循环将经历一个类似于基因复制及进化的过程，进化到更复杂的程度[97]。超循环方法是关于如何充分利用过程中的物质、能量和信息流的理论，它提供了一种如何有效展开事物之间相互作用以及结合成为更紧密的事物的方法。

分形理论，研究系统走向自组织过程中的复杂性结构过程以及从简单到复杂的自组织演化问题，它表达了如何认识一个具有分形特征的物体或事物的思想。其包含的哲理非常深刻，对于我们区别整形和分形、研究分形特性、把握复杂世界，以及如何生成或模拟一个复杂事物、复杂世界的演化过程和结构等，都能给予重要的理解。

综上所述，虽然不同理论研究的重点不同，但都是以非线性的复杂系统的自组织过程为研究对象的。不同理论相辅相成，共同构成了自组织理论。其中，耗散结构理论是解决自组织出现的条件环境问题的，协同理论主要研究系统从平衡状态发展到另一种有序状态的过程及其动力，突变论从数学抽象的角度研究自组织形成的途径问题，超循环理论解决自组织的结合形式问题[98]。自组织理论认为社会经济系统演化的根本力量在于系统内部的自组织力量，在远离平稳态的外界交换物质、能量和信息，有可能产生负熵流，形成新的结构，使系统混乱走向有序。这种“通过涨落达到有序”原理，不仅适用于物理系统和化学系统，而且对其他开放的复杂系统，包括生物和社会系统等，均具有普遍的适应性[99]。

（3）系统理论、自组织理论在森林公园旅游环境承载力研究中的运用。系统论将整个森林旅游系统看做一个整体，森林旅游环境承载力研究对象是一个相当复杂的环境系统。该系统具有多要素、多层次结构和动态变化的特点，不仅包括自然环境子系统，也包括经济和社会环境子系统，是一个由自然系统与人造系统相结合而构成的动态、复合系统。它随着系统各要素的变化，自然、经济与社会环境的变化，各要素之间的联系以及要素与环境间相互联系的变化而变化。要实现旅游地自然、经济和社会的协调发展，必须树立系统的观念，采用定性和定量相结合的方法，进行综合性、动态性、开放性研究，注重整体效应。在解决环境承载力内部的各要素、各环节之间的综合平衡与协调发展的同时，还必须通过调控森林旅游环境承载量，即森林公园实际接待的旅游者数量，维持旅游需求与供给的动态平衡，解决经济效益、社会效益和环境效益之间的协调发展关系，在整体性原则的指导下，加强信息反馈，实施旅游地环境承载力的优化控制与管理。

森林旅游环境承载力研究的目的是促进森林旅游的可持续发展，使整个旅游环境系统形成有序的良性循环状态。因此，不同子系统之间的协同作用是获得整体效应的关键。森林旅游环境系统会因旅游者的到来而受到干扰，当干扰超过系统的可调节能力或可承受范围，旅游环境系统的平衡将受到破坏，系统将开始瓦解，从一种稳态走向另一种稳态，但稳态的变化是渐进的。著名生态学家 E. P. Odum 将这种变化看做是一系列台阶，在稳态台阶范围内，即使有压力使其发生偏离，也仍能借助负反馈保持相对稳定，如果超出这个稳定范围，正反馈将导致森林旅游环境系统迅速破坏。森林旅游环境承载力涉及要素众多，影响因素复杂，包含自然、经济、社会等方面的内容，需要以系统科学理论为指导进行各层次、各方面的综合研究，特别是进行多学科、多领域的交叉研究。所以，要使旅游环境系统不发生剧烈变化或不超过波动范围，必须实施整体性、动态性、综合性的旅游环境承载力调控管理措施，确保压力的作用控制在旅游环境系统可以自我维护和自我调节的范围内。

3.2.3 旅游地生命周期理论

（1）旅游地生命周期理论的概念。旅游地生命周期理论最早于 1963 年由德国学者 Christaller 在研究欧洲的旅游发展时提出的，他在“对欧洲旅游地的一些思考：外围地区——低开发的乡村——娱乐地”一文中，阐述了旅游地的发展一般要经历一个“发现、成长与衰落”的演进过程，这个相对一致的演进过程被认为是三阶段周期模型。1973 年，Plog 也提出了另一种五阶段周期模型。他把旅游地的周期与吸引不同类型的旅游者群体的变化联系起来，提出了心理图式假说，并认为旅游地的兴衰取决于不同类型旅游者的旅游活动。同样，1978 年 Stansfield 通过对美国大西洋城盛衰变迁的研究，也提出了类似的模式，他认为大西洋城的旅游客源市场部分由精英向大众旅游者的转换伴随着它的衰落。此外，Gormsen 等也提出了类似的生命周期理论。在这些理论中，加拿大地理学家 Butler 的生命周期理论受到了广泛关注和普遍认可[100]，究其原因，主要是他从经济、社会和文化背景出发，为分析旅游地演进过程提供了一种框架，从动态角度分析和综合了旅游地的各种变化。

Butler 根据旅游地旅游者数量和基础设施等主要指标，提出旅游地的开发不可能永久处于一个水平，而是随着时间的变化不断演变。这种演变一般经过六个阶段，即探索阶段、参与阶段、发展阶段、稳固阶段、停滞阶段、衰退或复苏阶段。由于巴特勒旅游地生命周期理论是对旅游地发展周期的高度抽象和理论提炼，在实际应用中该理论及其曲线有着许多不同的变形形式。

（2）旅游地生命周期理论在森林公园旅游环境承载力研究中的运用。在森林旅游环境承载力研究中，可将旅游地的演变过程分为三个阶段：第一阶段是探索、参与阶段，第二阶段是发展、稳固阶段，第三阶段是停滞、衰落或复兴阶段。

在第一阶段，森林公园处于初步建设之中，旅游基础设施刚刚兴建，以自然、原生吸引物为主，旅游者人数少，以前卫、猎奇型旅游者为主。同时，由于还存在许多旅游开发的不确定性，各种物资投入较少，旅游设施简单，加上环境自身的净化、调节能力，旅游活动对环境的破坏作用很小，因而这一阶段应作为森林旅游资源环境保护的开端及旅游环境承载力研究的开始。此阶段对已经存在的少量环境破坏现象进行及时地观察和研究，有利于合理预测在公园旅游者大量涌入时可能造成的环境破坏程度和范围，从而确定预防的重点和难点，明确旅游环境保护措施，为旅游环境承载力研究提供原始数据。在这一阶段，自然环境承载力（包括生态环境承载力和资源空间承载力）最为重要，而经济环境承载力（包括基础设施承载力和旅游服务设施承载力）较弱。如果这一阶段自然环境承载力较小，将会严重影响森林公园的后继发展空间和速度，甚至导致旅游地可持续发展能力的丧失。在社会环境承载力（包括管理水平承载力、当地居民心理承载力和旅游者心理承载力）方面，管理水平承载力较小；由于公园游客数量有限，他们往往不存在心理承载力问题，或他们的心理承载力容易得到满足；当地居民出于非经济目的或者微小的经济利益，对旅游者的到来一般持欢迎态度。

在第二阶段，公园游客人数迅速增加，基础设施和旅游服务设施的利用处于紧张状态，大规模的开发建设伴随而来，景区、景点、宾馆、饭店等大量出现。旅游发展对旅游地的环境构成严重威胁，旅游者数量常常接近、甚至超过承载力的临界值，许多景区、景点、宾馆、饭店“人满为患”，旅游者和当地居民的满意度受到影响。在这一阶段，以旅游环境承载力为依据，有针对性地进行环境保护、采取措施以提高旅游者和当地居民的满意度是旅游环境承载力管理的主要任务，通过有效的旅游环境承载力管理，使旅游业的发展得以巩固并处于一种稳定状态。这一阶段自然环境承载力继续发挥重要作用，同时随着旅游者人数的增加和地理上的多元化，他们对经济环境承载力要求较高。在社会环境承载力方面，管理水平对旅游环境承载力产生巨大的影响；由于基础设施和旅游服务设施的建设速度低于旅游者数量的增长速度，旅游者的心理承载力也呈现出来；旅游业的发展对当地经济起到了巨大的促进作用，当地居民从旅游业的发展中得到了更多的收益，他们的心理承载力较大。

在第三阶段，由于基础设施陈旧或旅游环境承载力超载造成旅游质量下降等原因，导致旅游地的市场吸引力降低，旅游者数量减少，旅游环境承载量开始回落，旅游业出现停滞不前甚至衰落的局面。加强环境保护、改善旅游环境是该阶段的首要任务。如果主要是由于环境污染和破坏的原因导致旅游地的衰败，那么此时自然环境承载力将会降低，而经济环境承载力的变化不大。在社会环境承载力方面，管理水平的高低对环境承载力的增减影响更为巨大；旅游者心理承载力将随着环境的恶化而下降；当地居民的心理承载力也因环境污染

4 森林公园旅游地的价值评估

森林公园旅游资源计价是森林旅游资源经济价值的一种体现，计价的意义在于核算森林公园旅游资源开发的成本。众所周知，森林旅游资源具有使用价值，但对于开发森林资源所付出的成本往往估计不足或难以估计。只有当森林旅游资源对潜在市场的吸引力达到吸引足够多的游客规模时，产生的经济效益才能与开发所需的投入保持平衡或有盈余。但对森林旅游资源经济价值的评价存在一些技术上的困难，因为与其他产业赖以发展的资源相比，森林旅游资源在许多方面难以界定。首先，资源缺乏稳定性致使其内涵不清楚；其次，在一定时间内森林旅游资源的存量不甚清楚；再次，在技术上可供开发的森林资源的丰度和品位不清楚，致使资源评价难以量化；最后，由于森林旅游资源的外在性，使其开发过程中资源的成本核算存在着困难。在相当长的一段时间内，在"劳动创造价值"这一传统观念的影响下，森林资源这种既没有参与劳动，又不能进行交易的东西通常被认为是没有价值的，导致对其旅游资源的无偿占有、掠夺性开发和浪费使用。鉴于上述原因，在进行森林旅游资源评价时，有必要对其价值进行评价，并纳入森林公园旅游开发的成本—效益分析体系中，以森林旅游资源开发的外部经济战略来解决外部性问题。

4.1 森林公园旅游资源价值分析

森林公园是一个完整的生态系统或者一个生态系统的一个部分，因此，也具有一般生态系统所具有的生态服务功能。与一般生态系统的主要区别在于，森林公园的一项重要的功能是通过对森林旅游资源的开发和利用，带动区域经济发展。表 4.1 列举了按价值构成划分的森林公园的经济价值。

表 4.1　森林公园经济价值的价值构成

价值组成		货币化评估
使用价值	非使用价值	
直接价值Ⅰ 一、为使用而进行的预先准备 设备/维修/企业 二、直接使用 1. 土地及森林的经济利用（k—r） 2. 狩猎/渔业（k—r） 3. 浆果、菌类、药草类的采集（k—r） 4. 原料利用（k—r/nr） 5. 旅游用途（nk）		可直接通过市场价格评估 m
直接价值Ⅱ 三、阅历价值 四、识别价值 五、教育功能 六、以研究为目标的利用 七、形象功能 八、国家公园管理对区域发展的政治促进 九、其他	存在价值 遗产价值	只能间接或根本不可能评估 nm
间接价值 生态功能 1. 气候调节 2. 防洪蓄洪 3. 水库 4. 防治雪崩		

注：表中 k—可消费；nk—不可消费；r—可更新（在可持续利用范围内，即环境容量范围内）；nr—不可更新；m—可在市场交易；nm—不可在市场交易。

由此可见，森林公园的价值主要表现有直接价值和间接价值。其中，旅游价值是其直接使用价值的主要表现形式，由于受到国家法律、法规的限制，森林公园在提供土地利用、森林利用、提供原材料和其他物质产品方面的价值时，受到严格的限制。区别于一般生态系统，森林公园具有很高的非使用价值，独特的人文景观和自然景观具有很大的存在价值和遗产价值。

表 4.2 列举了按产出划分的森林公园的经济价值。

表 4.2 森林公园经济价值的产出构成

产出物	服务	使用者	竞争性	排他性	市场交易
木材	R	F	D	E	M
立木	A	H	ND	NE	NM
矿物质	R	F	D	E	M
植物群落	R，A，L	F，H	D，ND	E，NE	M，NM
动物群落	R，A，L	F，H	D，ND	E，NE	M，NM
防洪蓄洪	L	F，H	ND	NE	NM
净化水质	R，A，W	F，H	D，ND	E，NE	NM
保育土壤	R，W，L	F	ND	NE	NM
改善局部小气候	L	F，H	ND	NE	NM
固碳	W，L	F，H	ND	NE	NM

注：表中 R—提供企业的生产投入物（资源）；W—消化吸收生产和消费过程中产生的废物；A—提供旅游者和当地居民的娱乐服务；L—为旅游者、企业和当地居民提供生命支持服务；F—企业；H—旅游者和当地居民；D—竞争性；ND—非竞争性；E—排他性；NE—非排他性；M—可在市场交易；NM—不可在市场交易。

4.2 旅游资源价值计量的基本概念

环境价值计量最初是为了将环境影响纳入到成本—效益分析中而兴起的。

在对旅游地进行开发活动时，伴随着项目开发的进行，旅游地提供的环境服务将减少，或者完全丧失。只有通过评价其环境服务，才能比较项目的成本与收益，以便做出正确的决策。森林公园的自然保护区性质决定了该区域不能进行木材采伐、矿物采掘和动植物资源的过量获取，环境成本—效益分析（EC-BA）可以在不考虑市场价格的情况下周全地评估各种拟建项目所带来的环境影响。在环境成本—效益分析中，项目引起的环境改善与环境退化的价值各自包括在效益与成本中。定义 B_d 为项目周期中通常的效益流的折现值，C_d 为项目周期中通常的成本流的折现值，EC 为项目周期中项目对环境影响的净现值，NPV′为忽略环境影响的项目的净现值，NPV 为考虑环境影响的项目净现值，那么有：$NPV=B_d-C_d-EC=NPV'-EC$。假设 EC 表示为环境成本，且为正值，那么环境成本—效益分析的决策原则就应该是 NPV>EC。EC 作为与项目相关的外部性，可以理解为开发旅游消耗的森林公园资源而导致的环境成本，也可以理解为没有上述活动时的环境效益。一般将 EC 划分为四类效益：①使用价值 UV：个体实际或计划使用的服务，如旅游者的娱乐休闲行为；②存在价值 EV：认识到服务存在或将继续存在的价值；③选择价值 OV：为保证服务将来能被个体利用而愿意支付的价值；④准选择价值 QOV：为避免现在进行不可逆转的开发活动而愿意支付的价值。因此有：$EC=UV+EV+OV+QOV$。

假设环境对居民受到的影响是有限的，而且可以识别和计量这些影响，那么，环境价值计量的基本策略就是将受影响的环境服务作为居民效用函数的因变量，通过运用需求理论确定货币计量的实体和本质，确定环境服务对效用的影响。实施环境成本—效益分析方法进行社会决策，要求对受影响居民及其总量的适度的货币计量有一个估计，从而获得对 EC 的估计。进行估计的基本方法分为直接和间接两类，直接方法是通过观察个体对可在市场上交易的商品的行为而获得估计值，间接方法是就被影响的环境服务询问个体一些特定的问题而获取估计值。

4.2.1 环境价值计量理论

（1）价值计量中的价格变化。为了进行环境成本—效益分析，需要对 EC 进行估计。假定有关的环境损害只影响个体消费者（即旅游者），那么当消费者效用发生变化时，消费者剩余的变化就可以被看成是这种个人效用变化的货币计量。Hicks 于 1941 年提出了一系列货币计量效用的方法，这为有效地估计 EC 提供了方法和手段。

假设物品 C_1 的价格从 P_1'下降到 P_1''，C_2 是除去 C_1 之外的所有物品的综合物品，令 C_2 价格不变，个人的货币收入固定为 Y_0，那么价格下降之前，个人的预算约束线可表示为：$P_1'C_1+C_2=Y_0$。追求效用最大化的消费者将在这一预算约束下选择 C_1 和 C_2 以使得效用 U=U（C_1，C_2）达到最大化。

图 4.1 表示消费量为 C_1'和 C_2'时，达到最大的效用水平 U_0。

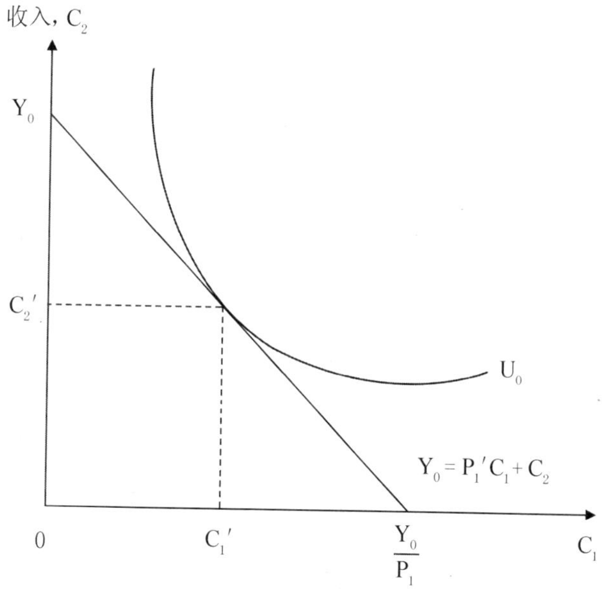

图 4.1 预算约束下的效用最大化

在图 4.2 中，当物品 C_1 的价格从 P_1'下降到 P_1''，新的预算线为 $P_1''C_1+C_2=Y_0$。效用最大化的消费水平为 C_1''和 C_2''，总效用水平为 U_1，物品 C_1 的消费量从 C_1'增加到 C_1''，其中替代效应使得从 C_1'增加到 C_1^*，收入效应使得从 C_1^* 增加到 C_1''。

从图 4.2 可以看出，有两种与价格变化相联系的效用变化的 Hicks 货币计量：收入变化补偿价格变化的补偿变差 CV，表现出当价格下降时仍使个人效用保持在最初的效用水平下的货币收入变化量；以及收入变化与提议的价格变化等价的等价变差 EV，该变差表现为使个人效用保持在价格下降后的效用水平上的货币收入变化量。

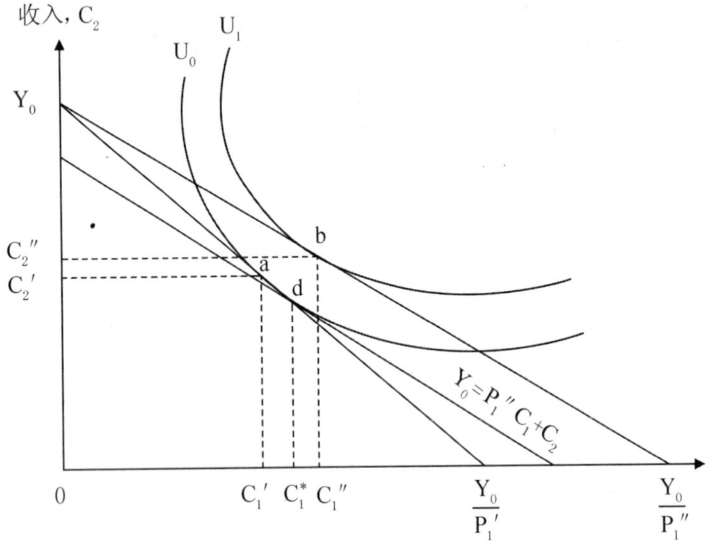

图 4.2 价格下降的收入和替代效应

在图 4.3 中，a，b 表示价格下降前后使得效用最大化的消费选择。在 b 点预算约束的范围是由最后的价格确定的。保持相对价格不变，减少货币收入，使个人效用保持在最初的效用水平 U_0 上，即 d 点。这要求收入减少 Y_0-Y_1，这就是价格下降的补偿变差。以货币收入为单位，CV 计量的是价格保持在最后的价格水平上时从 U_0 到 U_1 的效用变化。EV 为 Y_2-Y_0，使个人效用水平保持在 f 点，EV 计量的是将价格保持在最初的价格水平上时从 U_0 到 U_1 的效用变化。虽然上述两种变化都是以货币收入为单位计量从 U_0 到 U_1 的效用变化，但两者是在不同的价格下计量的，并且使用了不同的参照点。

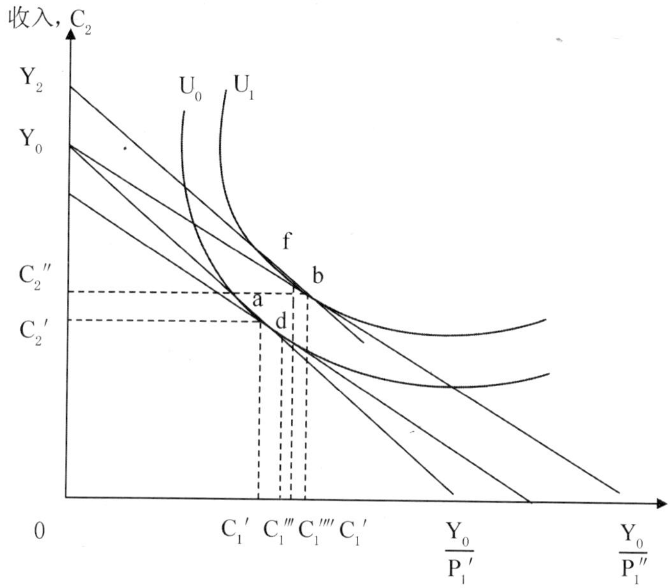

图 4.3　价格下降的补偿变差

图 4.4 给出了 CV 和 EV 的几何解释，同时显示了两种类型的需求函数。

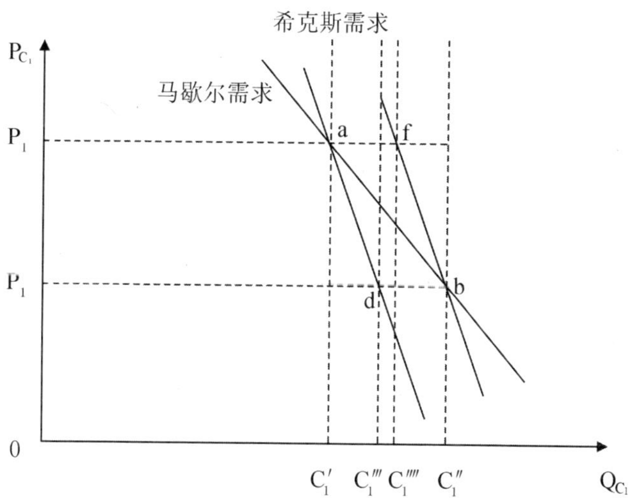

图 4.4　希克斯需求与马歇尔需求

图 4.4 中的马歇尔需求函数表明当消费者的收入和其他物品的价格保持不变时，物品 C_1 的需求量如何随着 P_1 的变化而变化。希克斯需求函数表示的是保持其他价格与效用不变的情况下，特定物品的需求量与其价格的关系。

同理，当价格上升时，CV 作为最低补偿将使个人效用保持不变，EV 作为个人最大愿意支付将使价格保持相对不变。用 WTP 表示支付意愿，WTA 表示受偿意愿，表 4.3 归纳了 WTP/WTA 与 CV/EV 之间的关系。

表 4.3　价格变化效应的货币计量

	CV	EV
价格下降	对变化发生的 WTP	对变化不发生的 WTA
价格上升	对变化发生的 WTA	对变化不发生的 WTP

(2) 价值计量中的质量变化。按照上节的描述，考虑森林资源相关的环境物品 E，那么个人效用函数 $U = U(E, C_2)$。森林环境服务水平的变化包括水质、大气质量、土壤环境、动植物生态环境、噪声环境等一系列环境质量。作为准公共品的森林公园，除了门票等少数显性指标，一般很难判断其消费水平。对于与 E 变化相关的效用变化，有两种货币计量方法，即补偿剩余 CS 和等值剩余 ES，与上节基本描述相同，图 4.5 显示了森林环境变化的情况。

在图 4.5 中，个人初始效用为 U_0，由于政策变化或技术影响，森林环境质量 E 从 E'增加到 E''，个人效用水平提高。增加 E 所产生的变化等同于降低的价格。预算线 Y_0d 的斜率等于价格比率，暗示数量增加，与更高水平的无异曲线 U_1 相切于 b 点。补偿线 Y_Ne 平行于预算线 Y_0d，与无异曲线 U_0 相交于 f 点，该点的环境水平为 E''，f 点非切点，表明个人被限制在 E''水平上。CS 是 $bf = Y_0 - Y_N$，如果忽略政策和技术变化对个人的影响，该数量的钱会导致消费者回到原来的效用水平，也就是说，这是对环境改善的最大支付意愿——如果个人消费从 E'增加到 E''。支付数量为 $bY_0 - Y_N$，那么消费者的效用水平仍然维持在不变的效益水平上。

考虑森林环境 E 退化，则 CS 是因为 E 下降所愿意接受的补偿，而 ES 是因避免 E 下降而愿意支付的数量。表 4.4 概括了环境质量变化而导致的效益

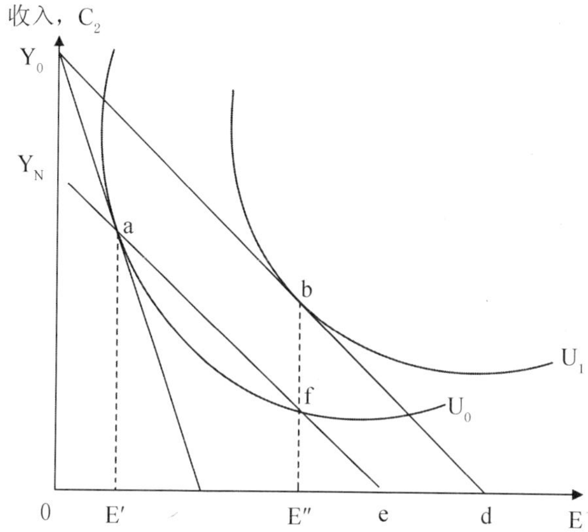

图 4.5 森林环境变化的补偿剩余

水平变化的货币计量。

表 4.4 环境质量变化的货币计量

	CV	EV
环境改善	对变化发生的 WTP	对变化不发生的 WTA
环境退化	对变化发生的 WTA	对变化不发生的 WTP

4.2.2 环境价值计量技术

环境价值计量技术主要可以分为两大类，一是直接价值计量，主要有生产函数变动法、剂量—反应法、疾病成本和人力资本法、机会成本法、防护支出与重置成本法等。二是间接价值计量，也称揭示偏好法，主要有旅游费用法（TCM）、享乐定价法、陈述偏好法、条件价值法（CVM）等。其中，旅游费用法（TCM）、条件价值法（CVM）作为主流环境价值计量技术已被广泛地应用和改进。下面对这两大类进行简单的介绍和比较[103][104]。

（1）直接价值计量。直接价值计量的主要研究思路是通过生产效率的变动来评估环境质量变动所带来的影响。直接价值计量把环境质量看成一个生产要素，环境质量的变化将导致生产效率和成本的变化，从而导致产品价格与产品产出的变化，而价格和产出的变化是可以观察到并可以测量的，利用市场价格（或影子价格）来赋予环境损害以价值（环境成本）和评价环境改善带来的效益。直接价值计量包括以下几种基本技术：

①生产函数变动法。该方法认为环境变化 E 可以通过生产过程影响生产者的产量 Q、成本和利润，或是通过消费品的供给与价格变动影响消费者福利。如水污染使水产品产量或价格下降，兴建水库对渔民收益的影响，砍伐森林对旅游者旅游感官的影响，等等。可以用下面的生产函数形式进行表示：

Q=f（L，K，E），式中，Q，L，K，E 分别表示产量、劳动力投入、资本投入、环境变化，$\frac{\partial Q}{\partial L}>0$，$\frac{\partial Q}{\partial K}>0$，$\frac{\partial Q}{\partial E}<0$。

②剂量—反应法。剂量—反应法通过一定手段评估环境变化对受害者造成影响的物理效果。如空气污染造成的材料腐蚀、酸雨带来的农作物减产、水质和空气质量对人体健康的影响等。剂量—反应法的目的在于建立造成损害的行为和环境损害后果之间的关系，评价在一定的污染水平下产品或服务产出的变化，并通过市场价格（或影子价格）对这种产出的变化进行价值评估。该方法主要用于评估环境变化对市场产品或服务的影响，不适用于非使用价值的评估。

③疾病成本和人力资本法。环境污染导致环境生命支持能力的变化，对人体健康产生影响，导致污染致病、致残和死亡、增加医疗费用开支、对心理和精神造成损伤。疾病成本和人力资本法是用于估算环境变化造成的健康损失成本的主要方法，通过评价反映在人体健康上的环境价值，通过流行病学研究、受控实验以及观察环境质量对人体的可能影响，寻找可用的信息和证据。

④机会成本法。自然资源是稀缺有限的，具有多种用途，选择一种方案就意味着可能会放弃其他方案的机会。把一种资源投入某一特定用途后所放弃的在其他用途能获得的最大利益，称为机会成本。

机会成本法常用来衡量决策的后果，是费用—收益分析方法的重要组成，特别适用于对自然保护区或具有唯一特征的自然资源的开发项目的评估。对于某些具有唯一特征或不可逆特征的自然资源而言，某些开发方案与自然系统的延续性是矛盾的，结果是不可逆的。因此，保护这种自然系统的机会成本就可以看做是失去的开发效益的现值。

⑤防护支出与重置成本法。防护支出根据人们为防止或减少环境退化而准备支出一定的费用 A。如在水质环境不断恶化的情况下，为了得到安全卫生的饮用水，购买、安装净水设备，增加这些措施，就可以减少和杜绝环境恶化及其带来的消极影响，产生相应的生态效益。重置成本则是估算环境被破坏后将其恢复原状所需要的支出费用。如水体受到污染，采取治理措施使受污染水体基本恢复原来未受污染时的状态所需的全部费用就是该水体的环境质量价值。可以用下面的生产函数形式进行表示：

$Q=f(L, K, E, A)$，式中，Q，L，K，E，A 分别表示产量、劳动力投入、资本投入、环境变化、防护支出费用，$\frac{\partial Q}{\partial L}>0$，$\frac{\partial Q}{\partial K}>0$，$\frac{\partial Q}{\partial E}<0$，$\frac{\partial Q}{\partial A}>0$。

（2）间接价值计量。间接价值计量是通过考察人们与市场相关的行为，特别是从他们在环境联系精密的市场中所支付的价格或获得的利益，间接推断出其对环境的偏好，依次来估算环境质量变化的经济价值。间接价值计量主要包括以下几种基本技术：

①旅行费用法。旅行费用法（TCM）常被用以评价那些没有市场价格的自然景点或环境资源的价值。尽管环境服务接近于免费供应，但是在进行消费时仍然要付出成本，主要体现在往返交通费用、时间费用以及其他有关费用。旅行费用法是通过建立游客的游览次数与旅行费用之间的关系，估计环境物品或服务的价值。

②享乐定价法。最早提出和应用是在 20 世纪 70 年代初。其理论依据是人们赋予环境的价值可以从他们购买的具有环境属性的商品的价格中推断出来，而购买的行为又可以由消费者的显示偏好体现出来。

假设房屋租金、空气质量、水质质量、森林覆盖率和城市绿化率和其他影响房屋租金的一系列属性（如房屋大小、交通便利程度、邻居特征等）等数据可以收集到。根据环境质量不同选择不同的地区，从而确定有代表性的样本。采用多元回归分析对房屋租金与影响租金的所有属性之间的关系进行估算，假设其他变量不变，得到的估计结果可以用于房屋租金与环境质量之间的关系。确定租金的估计方程就是“享乐价格方程”，所推导的租金与环境污染之间关系被称为“租金—污染函数”。Brookshire 等对洛杉矶空气质量改善的价值评估是一个很好的应用案例[105]。

享乐旅行费用法是旅行费用法（TCM）的一个变化形式，试图利用游憩地的各种属性的数据以及旅游率和旅行成本等数据评价游憩地某属性的价值。基本思想是：假设考虑两个游憩地，除了一个游憩地具有某一属性，另外一个没有之外，其他方面完全相同，那么该属性的价值就可以通过这两个地点的旅游与旅游成本间的关系的差别体现出来。

③陈述偏好法。陈述偏好法是通过调查让消费者自己表述出他们对环境物品或服务的支付意愿（或偿付意愿），进而估算环境物品或服务的价值。

④条件价值法。条件价值法（CVM）是典型的陈述偏好法。当缺乏真实的市场数据或无法通过间接观察市场来赋予环境资源价值时，需要建立一个假想市场，通过调查方式，引导人们对环境资源假想变化的支付意愿（或偿付意愿）。

目前，条件价值法（CVM）已得到非常广泛的应用，并成为评价非市场环境物品、服务与公共资源经济价值的最有潜力的工具之一。

4.2.3 旅游费用法

（1）旅游费用法的经济学基础。旅游费用法（TCM）首先由 Hotelling 于 1947 年提出，属于间接价值计量，是通过往返交通费用、门票费用以及其他相关的旅行费用来确定某种环境物品或服务的消费者剩余，并以此来估算该环境物品或服务的价值。旅游费用法是较为流行的游憩价值评价方法，广泛应用于休闲娱乐场所、森林公园、旅游景点、具有游憩娱乐功能的湿地和湖泊，以及兼有娱乐及其他用途的水库、大坝等地方的价值评估，是一种比较成熟的环境资源价值评估技术。通过大量的实证证明，应用 TCM 对相关社会经济活动的成本与效益分析，有助于制定相关政策，为旅游景区门票收费提供理论依据；为不同地区分配国家景点或自然保护区的保护投资进行预算；对旅游带给生态地区的环境影响进行合理补偿；判断是否值得保护某地仅作为休闲之用，而不是作为其他用途等。虽然还存在着不完善的地方，但 TCM 已经为资源与环境经济学广泛接受，并被美国有关部门的水开发项目评估和自然资源损失评价的指南所采用[106]。

TCM 的第一基本假设为游览公园是由距离或者游览路程决定的，构造函数如下：$V_i = f(C_i, X_{1i}, X_{2i}, \cdots, X_{Ni})$，式中，$V_i$ 表示第 i 个区域或者第 i 个人的旅游次数；C_i 表示第 i 个区域或者第 i 个人的旅游费用；X_i 代表其他相关变量。第二个假设是旅行成本由旅行费用 T_i（随 i 的变化而变化）和门票价格 P 两个部分决定。旅游者认为旅行费用和门票价格同样重要，就是说，旅游者对不论由门票价格还是旅行费用的变动所导致的总成本的变动是同向的，即 $\frac{\partial V_i}{\partial C_i}<0$。假设函数 $V_i = f(C_i, X_{1i}, X_{2i}, \cdots, X_{Ni})$ 是成本和其他相关变量的线性函数，那么可以采用方程 $V_i = \alpha + \beta C_i + \varepsilon_i = \alpha + \beta(T_i + P) + \varepsilon_i$ 进行估计。式中，ε_i 为随机误差，假设服从正态分布，且数学期望值为 0。进一步假设旅游与公园游憩服务之间为弱互补性，旅行费用与门票对行为的影响同样重要。因此有第 i 个区域或者第 i 个人的旅游次数与公园门票价格之间的关系：$E[V_i] = \alpha + \beta(T_i + P)$。式中，$E[V_i]$ 为数学期望，$E[V_i]$ 与 P 之间的关系式一条向下倾斜的直线，$E[V_i^*]$ 为门票价格为 0 的旅游人次；P_i^* 为足以使旅游人次下降到 0 的最高价格。那么有 $P_i^* = -\left(\frac{\alpha}{\beta}\right) - T_i$。如图 4.6 所示。

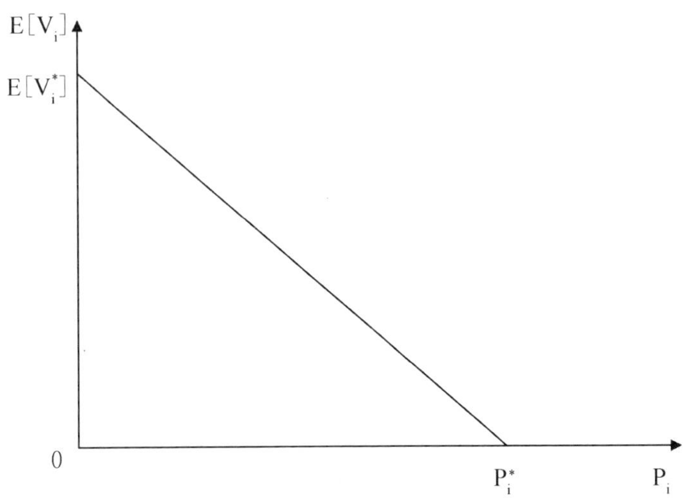

图 4.6 线性旅游函数

对于第 i 个区域或者第 i 个人，在价格 P=0 的情况下，马歇尔消费者剩余为三角形 $0E[V_i^*]P_i^*$ 的面积，不难看出 $MCS_i = \frac{-(E[V_i^*])^2}{2\beta}$。当 P=0 时，

总消费者剩余为 $MCS=\frac{-\sum(E[V_i^*])^2}{2\beta}$。

在通常情况下，通过估计旅行距离由游客确定旅游费用，旅行距离的确定可以根据游客提供的出发地点确定到旅游区的距离，然后采用第 i 个区域的单位人口旅游人数与第 i 个区域的旅游费用进行回归。

(2) 旅游费用法的基本类型。分区旅游费用模型（ZTCM）与个人旅游费用模型（ITCM）是 TCM 的两种基本类型。在此基础上，发展出了混合旅游费用模型（Hybrid，HTCM）、随机效用模型（RUM）、内涵旅游费用模型（Hedonic，HTCM）等。

①分区旅游费用模型（ZTCM）。分区旅游费用模型（ZTCM）是最早发展起来的模型。简单的 ZTCM[107] 函数形式为：

$$\frac{V_{hj}}{N_h}=f(P_{hj},SOC_h,SUB_h) \tag{4.1}$$

式中，V_{hj}表示根据抽样调查结果推算出的一定时间内从 h 区域到 j 旅游地旅游的总人数，N_h 表示 h 区域的总人口数，P_{hj}表示 h 区域游客到 j 旅游地的平均旅行成本，SOC_h 表示 h 区域的社会经济特征向量，SUB_h 表示 h 区域旅游者的替代旅游地的特征向量。

ZTCM 存在一些缺陷[106]。首先，ZTCM 是把游客按区域划分的，并假定来自同一个区域的游客对旅游点具有相同的偏好，并且旅游费用是相同的，这并不代表实际情况；其次，旅游成本与旅游时间逐渐存在着高度的相关，为克服回归的多重共线性问题，必须省略旅游时间，但旅游时间的价值对消费者剩余有很大的影响；最后，在确定一些需求决定影子价格时，通常用于估计区域值，特别是那些统计不显著的社会经济变量，需要进行必要的聚合和平均化，这将导致信息的丢失。

②个人旅游费用模型（ITCM）。Brown 在 1973 年根据个体游客建立了 ITCM，与 TCM 不同的是，ITCM 的因变量是个体或家庭在每个时期内旅游的次数。ITCM 能够把旅游时间、旅游成本及社会经济变量结合进去。从 20 世纪 70 年代起，ITCM 比 ZTCM 得到更广泛的应用，ITCM 的函数形式为：

$$V_{ij}=f(P_{ij},T_{ij},Q_j,S_j,Y_i) \tag{4.2}$$

式中，V_{ij}表示个体 i 到 j 旅游地的旅游次数，P_{ij}表示个体 i 到 j 旅游地旅行产生的旅游费用，T_{ij}表示个体 i 到 j 旅游地旅游发生的时间成本，Q_j 表示个体 i 对 j 旅游地的感知质量的向量，S_j 表示可能的替代地的特征向量，Y_i 表示个体 i 的家庭收入。

相对于 ZTCM，ITCM 具有以下优势：一是更多地考虑了数据的内在变化，而不是考虑对区域数据的聚合，在统计上更有效率；二是应用较少的调查数据就可以推导出旅行函数。但 ITCM 也存在一些计量经济学问题：一是许多数据是现场调查取得，忽略了潜在游客，导致样本截尾问题（Truncated Samples）；二是即使采用随机人群调查方法，也存在“零访问”样本删失（Censoring）现象，因为不可能有负的旅游次数出现；三是旅游次数只能是整数，只能应用计数模型（Count-data Model）。上述问题都可能导致对消费者剩余的估计发生误差。对现场抽样的非负整数、截尾及内生分层（Endogenous Stratification）问题，Shaw 进行了详细的讨论[108]。此外，相对于 ZTCM 而言，为了解游客特征、偏好和行为开展的 ITCM 数据调查成本较高。

ITCM 比 ZTCM 具有显著的优点。随着 ITCM 的发展，ZTCM 的应用开始变少。不过 Hellerstein（1995）应用 Monto Carlo 分析对两种模型的福利测定结果进行了比较，发现在许多情况下，ZTCM 的福利估计值比使用 ITCM 产生的偏差更小，尤其当 ZTCM 的自变量反映了区内差异时更是如此[109]。

③混合旅游费用模型（HTCM）。ZTCM 的区域聚合和因变量的平均化过程，导致信息丢失，减少了区域之间的内在差异。ITCM 的因变量是个体在每个时期到某地旅游的次数，只有当个体在某个时期内到某地去多次时，这个方法才有效，而对于旅游目的地的旅行距离较远时，消费者对特定地方的多次访问并不常见。Brown 于 1983 年提出将个体方法和人均方法结合起来，把样本中每个游客的旅行次数进行折算，使之代表区域总的旅行情况，然后除以区域总人口，即以区域人口除以游客数量。这种把 ZTCM 和 ITCM 结合起来的模型成为混合旅游费用模型（HTCM）[106]。

Moeltner 把统计数据中人均收入的分布信息纳入总需求函数，对 ZTCM 进行改进，以反映个体游客之间内生差异性，从而减少了估计参数是产生聚合偏差的风险[110]。

④随机效用模型（RUM）。RUM 又称为离散选择模型（Discrete Choice Model DCM），相对于上述的 ZTCM、ITCM、HTCM 都属于连续选择模型。

RUM 能够对纳入消费者考虑范围内的不同类型游乐和游乐地点的偏好进

行估计，在处理效用最大化框架下的具有不同游乐属性的多地点选择问题方面具有很强的能力[107]。能够处理连续型 TCM 模型无法处理的“零访问”和替代地选择问题，对于处理质量差异明显不同的旅游地点的替代问题十分适用。

RUM 不产生常规的需求曲线（Conventional Demand Curve）。如何定义游客实际面对的替代地点，使之符合选择理论，并产生理论和统计上都可以接受的价格弹性是一个非常重要的问题[106]。

多项式 Logit 模型（Multionmial Logit Model）是 RUM 的基本形式，但是应用多项式 Logit 模型的一个基本假设是非相关选择的独立性（Independence of Irrelative Alternatives）。也就是说，旅游者个人在两个地点进行选择只取决于相关地点的属性和费用，与其他地点的属性无关，这是 RUM 的一个缺陷。从简单多项式 Logit 模型（Simple Multionmial Logit Model）演化而来的嵌套多项式 Logit 模型（Nested Multionmial Logit Model）部分缓解了这个缺陷[111]。

⑤内涵旅游费用模型（HTCM）。Brown 于 1984 年提出了 HTCM，用于描述旅游费用与景点特性之间的关系。HTCM 与 RUM 之间的共同点是把地点的质量纳入游憩效益分析。主要差异在于 HTCM 把地点的各种属性看成捆绑在一起购买的不同产品，而 RUM 是把质量看成一个指数，通过检验消费者对不同地点的离散选择的估计得出。

HTCM 存在一些缺陷，主要原因是这些特征的价格是根据所在地的位置即由自然确定的，而不是市场均衡产生的结果[106]。Englin 和 Mendelsohn 应用 HTCM 和 RUM 对人们的游憩偏好进行了估计，发现两个模型具有相同的理论基础，对地点质量选择误差的作用的假设不同，两步法估计需求是最大的缺陷，导致计量信息的大量损失[112]。

（3）旅游费用法存在的一些问题。TCM 存在着一些有待解决的问题，主要有模型的选择和误差描述及参数的估计问题、旅行成本和时间成本的计量、多目的地旅行与多目标旅行、替代地效应等问题。

①模型的选择和误差描述。选择 TCM 模型的函数形式是非常重要的，不同的函数形式具有不同的经济学意义，同样，不同的函数形式产生的福利估计也差距很大。TCM 函数形式的选择通常基于单一的标准，即 R^2 的大小。Garrod 和 Willis[107]认为应该依据许多同级标准选择函数形式，如 R^2、预测访

问人数与实际人数进行比较、不同区域的预测分布与实际访问率之间的相关性等。另外，经济理论也有助于函数形式的选择，可以根据函数变量的统计显著性、变化趋势、比较模型结果、理论期望值等进行模型选择。

线性关系式为最常见的估计方式，而且最容易被管理人员和决策者使用。其他的函数形式有：二次方程型（Quadratic Form）、倒数型（Reciprocal Form）、线性对数型（Linear-log Form）、对数线性型（Log-linear Form）、双对数型（Double Log Form）、双曲线型（Hyperbolic Form）等等。

最小二乘法是较为常见的统计分析工具。但是，最小二乘法可能有很多原因导致参数的有偏估计。目前 TCM 应用中出现的特殊问题的参数估计技术改进是一个相当活跃的研究领域。例如，当数据是根据旅游景点的实际旅游者调查收集的，而不是从潜在旅游者的样本人口中收集，模型中的因变量限制在等于或大于标准化个人，因变量为单位时期的旅游次数，这时将出现现场抽样的非负整数、截尾及内生分层等问题，即使参数估计采用的是合适的统计和截面数据，也有可能产生比最小二乘法更有偏的参数估计。因此，建议使用极大似然法代替最小二乘法来估计函数[108]。

②旅行成本（Travel Cost）。旅行成本应该包括哪些现金成本是 TCM 的一个难题。Randall 认为，如果旅游地的质量与旅行弱互补（Weak Complement），那么旅行的补偿需求就包含评估旅游地质量的福利的所有必要信息，因而正确的方法是旅行价格法（Travel Price Method，TPM），但现实情况下，旅行是非均态物品（Nonhomogeneous Good），而且需求者对其生产起到重要的作用，因而这个价格是不易甚至不能被观测到的，取而代之的是用旅行成本代替旅行价格。Randall 把“旅行成本”称为“研究人员给定的访问成本估计”（Researcher-assigned Visitation Cost Estimates）。因此，他认为，TCM 的许多难题都是“旅行费用是内在不可观测”这一普遍问题的表征[113]。

旅行成本不只包括汽油费，还包括折旧、保养、保险及其他费用，即“全部成本”（Full Running Cost）。研究表明，基于全部成本估计出的消费者剩余是基于汽油费用估计出的消费者剩余的 3～4 倍[107]。Fix 和 Loomis 评估在美国犹他州 Moab 的自行车爬山运动的经济价值时，把旅行成本分解成两个部分：旅行到 Moab 产生的成本和在 Moab 发生的费用。其中，“旅行到 Moab 产生的成本”包括汽油、机票、住宿、汽车租用及其他费用；“在 Moab 发生的费用”包括营地、住宿、门票、导游、自行车租用及其他费用[114]。

旅行的实际成本计量需要TCM分析人员的判断。例如，旅游者的旅行成本界定应该是从度假地到旅游地的花费还是从驻地到度假地的成本也包括在内？成本中各项比例该如何确定？如何把一天的旅游成本分摊到每个旅游点上？在自由决定花费的成本问题上，路途餐费的成本是否计算在内？这些情况下，要想从被调查对象那里获取精确的信息还存在相当多的困难。事实上，不同的TCM分析人员会进行不同的判断，并采用不同的方式计量旅游的货币成本。对此，Randall认为，对于TCM，理论上计量旅行成本的正确方式是根据旅游者的主角，但事实上TCM分析人员通常采用某一方式结合调查资料计算旅游者的旅行成本，可以预期最好的是，普通的可计量的福利估计。进一步研究Randall的成本计量问题的经典案例是Common针对澳大利亚首都ACT地区的Tidbinlla自然保护区的问卷调查，其中对可选择的旅行成本计量方法进行了深度分析和比较，估计出不同类型的旅行成本，结果显示出了采用不同成本计量方法将导致误差潜在地增大[115]。

③时间成本。除收入外，旅行还受到时间的约束。如果在分析时没有考虑稀缺时间，那么用于测定环境与自然资源产生的效益的消费者剩余可能被低估。但是，如何货币化时间成本，是一个尚无定论的问题。时间成本包括旅途时间（Travel Time）成本和现场时间（On-site）成本两个方面。

传统上，以工资率或一定比例作为旅途时间的影子价格。但理论推导显示，工资率不可能是计量时间稀缺价值的好方法。Cesario建议旅行时间可以按照工资率的1/3～1/2赋值。McConnell建议时间成本是每个个体工作的一个比例k，k可以用回归分析的通常估计方法确定，用旅行时间乘以每个人每小时收入作为相关变量[116]。但Shaw认为旅途时间的机会成本没必要与个人的工资有关[117]。McKean等认为，在能够用时间替代收入和不能用时间替代收入的人群之间，时间的价值是不同的，因此，忽视时间分配的制度制约的影响可能错误估计机会时间成本和消费者剩余[118]。

如何给现场时间赋值是另外一个问题。McConnell认为由于现场时间既是旅行质量的决定因素，又是旅行成本，这样的双重角色在模型中很难反映出来。现在一般都把现场时间的机会成本包括在价格变量中。

由于时间成本的确定对福利效益的估计有一定的影响，因此探讨时间成本正确的计量方法，避免 Randall 指出的 TCM 时间成本处理的随意性问题，仍然十分重要。Feather 和 Shaw 估计出闲暇时间成本，认为此方法较之用工资率替代时间机会成本的方法更优越[119]。Alvarez-Fazio 等应用意愿估价法（Contingent Rating Approach）估计闲暇时间的价值，研究表明，不同工作群体的闲暇时间不同，现场时间与旅途时间的价值不同，只有那些自主创业的群体的时间价值与收入显著相关，因此用简单的部分工资率方法估计样本中旅游者的时间价值不妥[120]。

尽管如此，按一定工资比例对旅途时间和现场时间进行折算仍然得以普遍应用。Rosenberger 等应用回归分析方法确定最适合的工资率，从 0、25%、50%、75%、100%中选定对因变量的统计解释最好的 25%作为工资率赋值[121]。Layman 按不同的工资率 0、30%、60%、100%分别计算，然后根据最高 R^2 和最小平方和（The Highest R^2 and the Lowest Sum of Squared Errors）的准则，选择统计拟合最好的 60%工资率和其他变量[122]。薛达元等在研究长白山自然保护区生物多样性旅游价值时按 40%计算[123]。

④多目的地旅行与多目标旅行。当研究的目的地不是游客旅途的唯一目的地和目标时，就面临着多目的地旅行与多目标旅行问题。一些游客可能在一个地方待一段时间，而另一段时间花在同一旅程的宿营或住在别的地方。在极端的情况下，旅游者可能旅行几个星期或者几个月，但在每个地方只短暂停留一两天。

一些文献对多目的地旅行与多目标旅行进行了考虑。分散在许多地方的固定成本组成合成成本（Joint Costs），理论上没有一个可以接受的方法来分配这样的成本，因此任何把合成成本分配到某个地点的方法都是任意的[106]。

成本分配的大多数方法产生的问题是分配过程减少了明显的成本，从而削弱了方法学的基础。Stoeckl 的研究中，从 Townsville 来的游客访问 Hinchinbrook 岛（距离 100km），平均每人支付的旅行成本为 389＄，而从 Tasmania 来的旅游者（距离 2000km），平均每人支付的旅行成本为 187＄，导致这种不相称的原因就是成本的分摊模式[106]。

另外，在样本调查时，有必要把“漫游者”从“有目的的旅游者”中区分开。对于前者来说，参观所讨论的景点只是他们旅游目的的一部分，对于后者，参观该景点则是他们的唯一目的。对“漫游者”的旅行费用分配有三种方法：一是确定该项活动的成本在总旅行成本中的权重；二是将“漫游者”从TCM分析中扣除，然后用平均消费者剩余进行汇总；三是对每个群体估计独立的需求函数[124]。

近年来，我国学者开始关注多目的地旅行与多目标旅行问题，提出了一些有价值的解决方法。张茵和蔡运龙以九寨沟门票价格占所有景点总价格的比例作为旅行成本的分摊因子[125]；郭达英和王子昂在评估敦煌的旅游价值时，采用两种方法估计多目的地旅行与多目标旅行费用分摊比重：一种是以游客在各目的地停留的夜数占此次旅游总停留夜数的比例作为权重，另一种是应用层次分析法确定敦煌在各目的地所占权重[126]。

⑤替代地效应。风景点的替代地点是TCM计量的另一个问题。处理方法有两种：一是理论上的正确方法，将把所有价格都放入模型，通过方程 $V_{1i} = \alpha + \beta_1 C_{1i} + \sum_{j=2}^{j=1} \beta_j C_{ji} + \varepsilon_i$ 进行处理。式中，j表示替代地点，地点1为考察的风景点。不过这样处理可能会出现价格变量高度相关问题，从而产生糟糕的标准差和估计出来的不稳定的弹性。二是删除替代地的价格，但这样将导致弹性的稳定出现偏差。在大多数研究中，替代地问题都被忽略，或者采用一个名义变量（Dummy Variable）来反映替代地效益问题[107]。

⑥人口统计特征的效应。人口统计特征如消费者的年龄、性别、家庭构成、种族、收入、教育程度、职业以及其他人口统计特征与到户外旅游地的访问形式有关。通常从需求估计的最终方程中删除统计上不显著的变量。因此，通过区域方法估计的需求方程通常不包括人口统计变量。对估计消费者剩余的影响，依赖于去除变量的信号和大小[106]。

⑦景点质量和拥挤效应。用于户外娱乐目的的自然地点的质量差异很大。质量包括景点状态和拥挤程度。拥挤程度是影响地点使用的独立变量，同时也隐含在依存变量里。当门票以及相关费用较低时，由于没有价格调节客流准入的功能，那些高质量景点常常发生拥挤现象。

（4）对旅游费用法的总体评价。对旅游费用法的总体评价褒贬不一。Eberle和Hayden是为数不多的持全盘否定的学者。他们从新古典经济学、计量心理学（Psychometrics）和一般系统论的角度对TCM进行了全面的批判，他们认为，尽管TCM广泛应用于生态系统的价值评估，但从新古典经济学、计量心理学和一般系统论的角度，这两种方法无论在理论上还是在应用上都是行不通的，缺乏方法学和理论与实证的基础，继续使用 TCM 将误导评估，导致环境恢复政策的挫折[127]。

Randall 认为，对于 TCM，理论上，正确的旅游费用应该是游客主观直接感受到的费用，而不是 TCM 研究人员结合调查资料计算出来的那种称为“研究人员给定的访问成本估计”。因此，他认为有充足的理由相信新古典经济学得出的事实的主观费用的近似值是很糟糕的，特别是在游憩价值评估方面。要根据 TCM 取得有效的福利估计值有两种可能的途径：一是调整费用核算和分析方法，知道 TCM 产生的结果与其他完全不同的方法的结果相符；二是用其他不同方法的估计结果对 TCM 结果进行校正，即 TCM 不能单独应用[113]。

Common 等验证了 Randall 的结论，甚至认为最好放弃使用 TCM 方法[115]。

Smith 认为，TCM 是有关非市场物品评价的一种成功方法，在资源与环境经济学研究中占有主要地位。为此，列举了 TCM 四个有吸引力的特征：一是估计与根据需求理论预期的结果相符，即在其他保持不变的情况下，需求的数量与价格呈现负相关；二是相对价格幅度和收入弹性之间有着广泛的一致；三是需求估计的假设与隐含的偏好、动机和行为约束有很强的关系；四是受控实验支持这个方法描述隐含消费者偏好的能力[128]。在后续的研究中，Smith 进一步得到结论，认为在揭示偏好方法中，只有 TCM 获得广泛的应用，作为被资源经济学广泛接受的有效技术，TCM 应该被美国有关部门的水开发项目评估和自然资源损失评价指南所采用[129]。

TCM 与 CVM（条件价值法）相互印证是检验 TCM 有效性的一种方法。Carson 等通过对 83 项包含 616 个 CVM 和 TCM 结果的研究案例比较后发现，一般 CVM 的估计值比 TCM 估计值要小，但差别不大。由于存在部分 CVM 估计值高于 TCM 估计值，为此对传统的将 CVM 估计值乘以 2 的折扣系数进行校正的方法提出质疑[130]。

虽然目前对 TCM 技术的应用还存在争议，但 TCM 技术需要结合现代更新的技术进行改良确是不争的事实。就近年来的研究和应用趋势来看，TCM 至少应该在以下三个方面进行改进：一是 TCM 的连续模型与离散模型的结合；二是 TCM 与 CVM 的结合；三是 TCM 与地理信息系统 GIS 的结合。

连续模型与离散模型是 TCM 模型的两种极端，近年的发展趋势是连续模型与离散模型已经变得非常接近了，都抓住 TCM 主要问题取得了重要进展。

离散模型可能在继续放宽对模型结构的限制后得到进一步改进，如应用正态分布模型可以适当放宽 IIA 假设等。另外，进一步改进还可以通过应用非参数方法实现，这样可以进一步放宽与误差项分布有关的假设[113]。

把 TCM 和 CVM 综合到同一个模型，适度对消费者对自然资源的偏好得出更全面准确的描述，是近年来发展的一种新方法。Cameron 提出这个构想并进行论证：TCM 只能揭示使用者对非市场商品的消费偏好，CVM 虽然是假想调查，但能阐明非使用者的消费偏好，将两种偏好调查法结合起来推导出消费者偏好将会更加全面准确[131]。

GIS 由于强大的空间数据分析能力，在资源与环境领域得到越来越广泛的应用，近年来也被应用到环境经济学中。GIS 的技术优势使 ZTCM 的不同分区方法成为可能。Bateman 应用 GIS 技术队 ZTCM 的不同分区的效应进行了检验，并检验了不同分区条件下的消费者剩余估算的敏感性[132]。

4.2.4 条件价值法

（1）条件价值法的内涵。条件价值法（CVM）又称为意愿支付法，作为一种典型的陈述偏好评估法，通过直接调查和询问人们对环境效益改善或资源保护的措施的支付意愿 WTP、或者对环境或资源质量损失的接受赔偿意愿 WTA，以人们的 WTP 或 WTA 来估计环境效益改善或环境质量损失的经济价值。主要用于分析公共产品/公害的供给水平变化，尤其是用于分析具有非排他性的环境“环境商品”。CVM 可用于评估环境物品的使用价值和非使用价值，被认为是评估环境物品和服务的非使用价值的唯一方法，是近十年来国外生态与环境经济学中最重要和应用最广泛的关于公平物品价值评估的方法之一[133]。

CVM 的发展大致分为三个阶段：第一阶段主要是围绕可靠和准确性两个困惑进行讨论。第二阶段开始寻求各种不同方法解决上述困惑。第三阶段开始把研究重点放在评估 CVM 成果的有效性和可靠性的各种不同规范上。

CVM 与 TCM 不同，TCM 属于揭示偏好法，从消费者的实际支出推导其对非市场物品的需求曲线，测定的是马歇尔消费者剩余。CVM 属于陈述偏好法，调查的是消费者对非市场物品的消费意愿，测定的福利效益是希克斯等价变差（见表 4.5）。

表 4.5 环境质量变化的 WTP 和 WTA

	WTP	WTA 补偿
环境改善	如果变化发生，是 CS	如果变化不发生，是 ES
环境退化	如果变化不发生，是 ES	如果变化发生，是 CS

用 CVM 测定福利变化时，究竟是用 WTA 还是用 WTP，研究中存在着争议。Hanemann[134]表明效用理论实际上是用于那些具有有限替代可能性的商品，WTA 比 WTP 要大得多。如果从理论上将环境成本—收益分析中在可能典型的情况下 WTP 与 WTA 答案可以存在非常大的差别，那么问 WTP 问题还是问 WTA 问题对环境成本—收益分析的结果就会有很大的影响。假设可以观察到 WTP 与 WTA 结果之间的差异的大小，那么在环境成本—收益分析中采用哪一类型的问题，可能对拒绝或者接受一项威胁自然保护区的项目就会有很大的影响。因此，在 CS 和 ES 之间的选择实际上是关于产权的决策。问 WTA 问题并使用 CS 就是将社会现状作为相关参照点，表明个人对未破坏的自然保护区有明确的产权；问 WTP 问题并使用 ES 就是将已被破坏的自然保护区的状况作为相关参照点，表明个人没有这样的产权。在这种情况下，一般性的观点认为环境成本—收益分析应采用前者并正确使用 WTA 问题。Ward 等以一条河流的开发为例说明了这种关系，假设河流产权属于电力公司，需要估计漂流者为避免筑坝、保护自然河流的 WTP，就是漂流者的等价变动。但是，假定漂流者拥有这个自然河流的权利，需要测定的则是漂流者允许电力公司开发这条河流的 WTA，就是补偿漂流者失去的自然合理的补偿变动[106]。

但是，在采用 WTA 形式的情况下，存在相当高的拒绝回答率，许多被调查者要么拒绝接受任何数额的补偿，要么只接受无限大的数额。在一些情况下，采用 WTA 形式的拒绝回答率高达 50%，这就表明 WTA 形式无论在理论上存在什么优点，但在实际应用中结果并不理想[135]。因此，比较一致的意见是，采用 WTA 形式，并将结果作为合理的 WTA 结果的一个较低的限额。

应用 CVM 包括以下步骤：第一步是创造获得个人 WTP/WTA 资料的调查工具，包括：设计假定方案；决定问 WTP 还是问 WTA；确定有关支付或补偿手段的方案。第二步是在有关群体的样本中应用调查工具。第三步是分析调查资料，包括：利用 WTP/WTA 样本数据估计群体的平均 WTP/WTA；

评价调查结果以确定估计精度。第四步是计算相关群体的总 WTP/WTA，以使用于环境成本—收益分析。第五步是进行敏感性分析。具有代表性的是 Carson 1989 年采用 CVM 估计 Exxon Valdez 原油泄漏产生的损失的案例[136]。

（2）对条件价值法的总体评价。一般认为，与 TCM 相比，CVM 具有两个优势：一是可以用于评估使用价值和非使用价值，而 TCM 只能评估使用价值，并且包含弱互补假设；二是 CVM 回答的是 WTP/WTA，可以直接得到理论上效用变化的正确货币计量。

虽然可以用于评估使用价值和非使用价值，但实际上 CVM 主要用于评估非使用价值。CVM 的使用也是争议不断。Eberle 和 Hayden 从新古典经济学、计量心理学（Psychometrics）和一般系统论的角度对 TCM 进行了全面的批判，他们认为，尽管 TCM 广泛应用于生态系统的价值评估，但从新古典经济学、计量心理学和一般系统论的角度，这两种方法无论在理论上还是在应用上都是行不通的，缺乏方法学和理论与实证的基础，继续使用 TCM 将误导评估，导致环境恢复政策的挫折。Vatn 从新古典理性（Neoclassical Rationality）、制度理性（Institutional Rationality）、信息问题和偏好等几个方面，对 CVM 的异常进行了深入分析，强调产生这些错误的原因是没有认识到导致这些信息和偏好形成的社会范围（Social Sphere）的作用，认为更好地了解与处理信息的办法是对个人的分析扩展到社会的范围，Vatn 称为有别于全盘否定和对核心模型增加辅助假设的第三条道路（A Third Rounte）[137~142]。

Carson 等是 CVM 的积极支持者。Carson 认为，CVM 的研究结果是与经济理论一致的；有关 CVM 的大多数问题可以通过对意愿调查进行精心设计和实施得以解决。但是也承认，即使克服所有调查方面的问题，与其他的以新古典偏好为基础的经济价值评估方法相比，CVM 还有两个主要限制：一是 WTP 的测定固有地受到财富的限制；二是只考虑当代人和后代人的偏好，但对后代人的实际偏好并没有明晰地表达出来。

尽管依然存在上述种种不足与缺陷，但毋庸置疑的是，CVM 已经成为环境经济学领域的热门话题，并在不断的价值评估应用中得以发展和改进。

5 重庆黄水国家森林公园环境承载力分析

5.1 重庆黄水国家森林公园基本情况

黄水国家森林公园位于重庆市石柱土家族自治县东北部七曜山山原上，居三峡库区腹地，处于长江三峡黄金旅游线上，与忠县石宝寨隔江相望，是重庆市国家级森林公园中面积最大、唯一的少数民族旅游风景区，是集避暑、游览观光、民俗风情体验、娱乐健身、科普考察、动植物观赏、森林生态保护于一体的多功能综合性山岳型旅游胜地。公园周边及长江沿线分布有武隆仙女山、丰都鬼城、丰都龙河峡谷溶洞群、忠县石宝寨、奉节三国城、天坑地缝、巫溪大官山、大宁河小三峡、大昌古镇、梨子坪、万盛黑山谷、永川茶山竹海等一批自然景观各异、人文风情各具特色的风景旅游区，拥有非常优越的旅游地理优势。具体区位见图 5.1。

5.1.1 自然地理概况

(1) 地理位置。重庆黄水国家森林公园位于重庆市石柱县东北部的七曜山山原上，以黄水镇为中心，北部与石柱县临溪镇黎家村接壤，东北与湖北省利川市毗邻，东、东南、南分别与石柱县冷水乡、石柱县悦崃镇、石柱县官田乡相连，北抵长江。公园由东、西两大独立的区域组成，东区地理坐标为东经108°18′14″～108°30′00″，北纬 30°07′30″～30°20′00″，西区地理坐标为东经

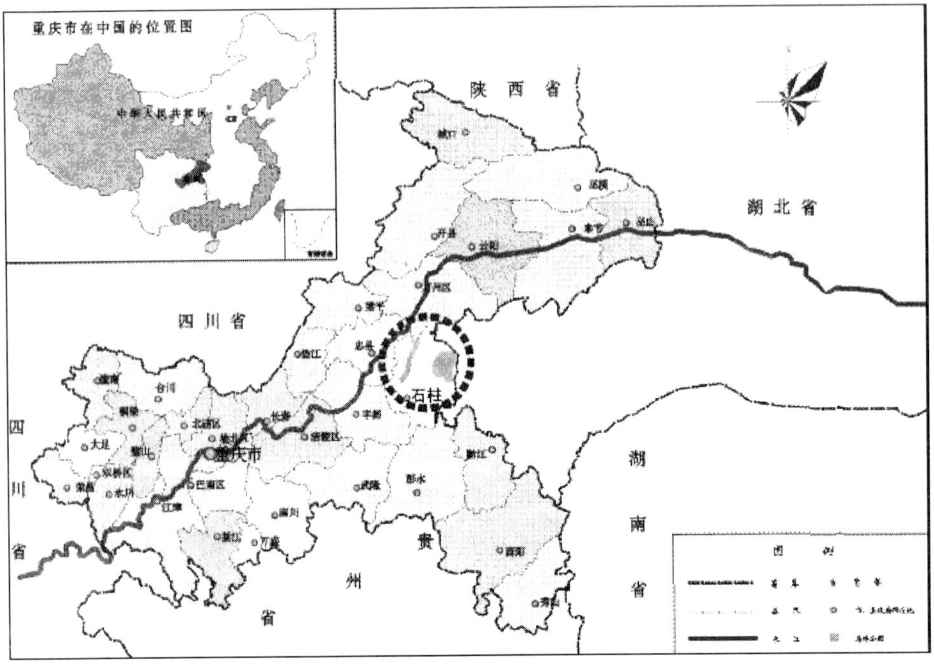

图 5.1　黄水国家森林公园区位

108°07′30″～108°18′08″，北纬 30°08′20″～30°25′00″。区域总面积为 32441.0 hm²，其中，东区面积 21863.4 hm²，西区面积 10577.6 hm²。

（2）地形地貌及土壤情况。

①地形地貌。公园园区地形地貌概括为西沱镇区域（生态保护区）、方斗山区域（包括千野草场景区和灵山佛景区）、黄水区域（毕兹卡绿宫景区、万胜坝景区、油草河景区及洋洞景区）等三大区域的地形地貌。

西沱镇区域位于方斗山背斜与大池干井背斜间的丰都—忠县向斜北端东南翼，出露侏罗系中流上沙溪庙组下段及第四系，由砂岩、页岩五层组成的单斜结构，倾角由岸边向后坡逐渐变陡，区内地层连续、完整，无突变、地层缺乏现象。总的地貌类型属背状低山丘陵，东南高，西北低，坡向长江的单面山顺向坡地形。由于岩性属砂岩、页岩软硬相间，坚硬的砂岩常组成宽缓的斜向层面坡，坡体一般小于 15°，坡面上零星有少量松散堆积土。

方斗山区域地处川东褶皱带上，属巫山大娄山中山区，地势东高西低，呈起伏状。境内山峦叠嶂，岩石裸露，海拔 1000～1500 m。属于典型的喀斯特地质地形地貌。千野草场景区主体在岩口、麻坪、大坪和瓦屋，地形起伏。麻坪、大坪和瓦屋局部地区平缓，且面积较大。灵山佛景区主体在青草坡，山包和草地高差大，景区最高点海拔 1500 m。

黄水区域：地质构造属新华夏系构造，地层主要由侏罗系遂宁组构成，为棕红色页岩、粉砂岩。园区属于川东褶皱带、巫山大娄山中山区，山原地貌。全境东高西低，山岭连绵、沟壑交错、峡谷深切，地形复杂。

②土壤概况。园区内土壤根据其属性并结合成土条件和成土过程的分类原则，可以分为 5 个土类、6 个亚类，分布有黄壤、黄棕壤、紫色土、水稻土和少量的冲击土，以黄壤、黄棕壤、紫色土为主，土层深厚、腐殖质丰富、有机质含量高。

(3) 气候水文。

①气候。公园区内属亚热带湿润季风气候区，气候适宜，四季分明。气候特点：春早，升温快，但不稳定，有寒潮；夏长，无酷热，多伏旱；秋短，有低温，多绵雨；冬迟，无严寒，少雨，有霜雪。

公园年平均气温 12.1℃，最高气温 25℃，最低气温－5.5℃，7 月平均气温 20℃，比石柱县低 8℃，比重庆市低 10℃，非常适合夏季避暑疗养；全年太阳总辐射量为 81.41 大卡/cm^2，是全国辐射能量最少地区之一，年平均日照 1333.3 小时，属低日照区；平均年降水量在 1126.6 mm 以上；无霜期约 230 天，年积雪约 30 天。

②水文。公园区内溪河遍布，均为长江水系。水资源丰富，水质优良，地表水和地下水均达到国家饮水标准，园区河流具有山溪河流特点，河床狭窄，落差大，洪枯变幅大。万胜坝水库其库容量 2815 万 m^3，坝高 41.6 m，淹没线在海拔 1465 m，水面面积 263.0 hm^2。园内地下水水质为重碳酸盐型水、重硫酸盐型水。

(4) 植物资源。公园区域面积 32441.0 hm^2，林业用地面积 30500.0 hm^2，其中有林地面积 28000.0 hm^2，森林覆盖率为 86.3%。公园独特的地理位置、地形地貌和气候特点，使得园内植被丰富、种类繁多。园区内共有乔灌树种 56 科 122 属 197 种，其中本草植物 3000 余种，药用植物 1700 余种。

由于山体高大，地形复杂，植被的垂直结构比较明显，公园区划为三大林业区域：西沱丘陵区、方斗山低山区和七曜山中山区，由低到高依次分布针叶林、针阔混交林、阔叶林。针叶林主要以松科的马尾松为建群种，针阔混交林主要由水杉、杉木、柳杉、铁杉及樟树、山苍子、山胡椒、香樟、楠木和壳斗科的栎类构成，阔叶林以桦木科、山茶科、山矾科、虎皮南科、蔷薇科、杜鹃科、槭科的树种为优势树种。林下蕨类植物繁茂，林间藤蔓植物缠绕显现出奇特的原始风貌。

（5）野生动物资源。公园位于三峡腹地，地形复杂，景观多样，属于中亚热带湿润地区，是我国东部季风区的中心地带，水热充足，气候多样，丰富的自然环境为动物栖息提供良好的栖息环境。据不完全统计，园内分布 20 种两栖类、28 种爬行类、197 种鸟类和 84 种哺乳类动物。其中有国家Ⅰ级保护动物 5 种，国家Ⅱ级保护动物 37 种，如：云豹（Neofelis nebulosa）、豹（Panthera Pardus）、林麝（Moschus Berezovskii）、金雕（Aqulia Chrusaetos）、黑鹳（Ciconia Nigra）、穿山甲（Manis Pentadactyla）、狼（Canis Lupus）、赤狐（Vulpes Vupes）、豺（Cuon Alpinus）、黑熊（Selenarctos Thibetanus）、水獭（Lutra Lutra）、大灵猫（Viverra Zibetha）、大天鹅（Cygnus Cygnus）、小天鹅（Cygnus Columbianus）、凤头蜂鹰（Pernis Ptilorhynchus）、苍鹰（Accipiter Gentilis）、赤腹鹰（Accipiter Soloensi）等，是重庆市和三峡库区野生动物分布最多的地区之一。

5.1.2 社会经济概况

石柱县位于重庆市东南，为渝东南门户。2009 年石柱县总人口 539232 人，全县实现地区生产总值 50.3 亿元，工业总产值 44 亿元，全社会固定资产投资 70 亿元，社会消费品零售总额 20.7 亿元，农民人均纯收入 4150 元，城镇居民人均可支配收入 12950 元。

公园及周边地区居民收入主要来自种植业、养殖业及旅游业。种植业以种植黄连、莼菜、天麻、银杏等药用植物；养殖业以饲养长毛兔为主，有少部分牛、羊养殖；旅游业主要依靠公园和周边景区。依照行政区划，公园地跨 7 个乡镇 68 个行政村，大部分风景区在黄水镇。黄水镇是重庆市“百强镇工程”首批建设镇之一，既是全国黄连主产区中心，又是全国黄连交易中心市场，被誉为全国“黄连之乡”。目前，该镇商店、学校、交通运输、通信、农产品加工、医疗卫生、商贸物流、文化娱乐等已具一定规模，成为独立的社会系统，是当地经济、文化交流中心。群众收入来源以黄连种植和长毛兔、牛、羊养殖业为主。

5.2 重庆黄水国家森林公园旅游资源评价

黄水国家森林公园重峦叠嶂，群峰延绵，沟深谷幽，茂林修竹，飞泉瀑布，流水潺潺，云海奇景，变幻莫测，且有飞禽走兽出没其中，风景资源极其丰富秀美。

5.2.1 自然景观资源

森林公园地处山原，山岭走向与长江纵切，沿长江地段断壁突起，山体延绵雄伟。峰峦挺秀，林海茫茫，集雄峰、林海、云雾、江水于一体。

（1）地貌景观。园内地貌景观景象万千。黄水、洋洞诸峰，山峦叠翠，锦绣万千，有的云雾萦绕，变幻无常，有的腰系素带，轻盈欲舞，有的身披轻纱，遮面含羞，有的身裹絮被，睡意正浓。而只有走在群山之中，才能真正体会到公园地貌景观变化之丰富、空间变幻之神秘。而群峰之中的幽深险峻的峡谷，则更令人神往，两边均为险峰峭壁，谷底怪石险滩。往往峰回路转，景象异常，置身于内，极易生空间看无限之感，令人流连忘返。

黄水国家森林公园的岩石经大自然精雕细琢，形成绚丽多姿、形态逼真的天然石景。有的像奔腾的骏马，有的如端坐的观音，奇岩怪石或聚或散，分布自然，与植物绝妙配合，构成天然的山石画卷。

登西沱云梯北顾，俯纳北岸葱茏起伏的林海，烟波浩渺、波光粼粼的长江，广阔无垠的原野，鳞次栉比的楼厦，错落有致的村舍，层层叠叠的良田，一览无余。山体群峰漫舞，谷岭交错，皆为茂密的森林所覆盖。群峰耸立，层峦叠嶂，连绵起伏，空间层次异常丰富。轮廓优美的山峦构成了西沱风景的骨架。西沱南行，峰峦叠嶂，山奇石怪，谷岭交错，沟壑纵横。

（2）水体景观。黄水国家森林公园水体景观瑰丽多姿。流经石柱地段的长江时而激越狂奔，时而娇羞平静，或从宽阔的河床缓缓流过，或由湾转处奔泻而出，空间变化丰富，节奏鲜明，构成各种多姿的水景和西沱景区的脉络。

西沱汤家湾瀑布秀丽轻盈，瀑布自断岩流下，似练如雨，虹影飞悬，七彩斑斓，直入潭中。潭水清碧，沁人心脾，鱼翔浅底，树影摇曳，周围山光水色，美不胜收。

分布在深山密林中的万胜坝水库，像镶嵌于翠绿碧盘上的一面银镜，把公园点缀得分外妖娆，青山碧水浑然一体，形成婀娜多姿的山光水色。库水澄清、波光粼粼，幽深的库区水面气象万千，梦幻诱人。晴天盈盈绿水，微波荡漾，雨天薄霭微云，水面跳珠。每当晨曦初启或夕阳西下，满库碧水金光闪闪，银星点点，每至皓月当空，水库中山影朦胧，奇岫错列。库水茫茫，万木叠翠，微风徐来，浪涛声伴着林涛声，仿佛悦耳的二重唱，令人心旷神怡。

（3）森林景观。黄水国家森林公园森林景观苍郁婀娜。公园内植被类型丰富，天然林景色壮丽，人工林气势宏伟，季相景观鲜明，有 197 种 3000 余品种观赏价值很高的植物，其中许多极富科研开发价值的如珙桐、红豆杉、荷叶铁线蕨等珍稀植物，被称为“植物王国”、“植物基因库”。

园内林相景观非常丰富。大部分地区相对海拔差异大，植被变化明显。原始林古树苍劲、郁郁葱葱；人工针叶林生长茂盛、气势宏伟；针阔混交林深浅交错，相得益彰；落叶、常绿混交林季相丰富、绚丽多姿；茫茫林海，曲径通幽；高山草甸、灌丛更是别具情趣。

园内季相景观变化多样。初春鲜花盛开，草木蔓发，松绿竹翠，百鸟翔鸣；鹅黄色的嫩芽宛如在墨绿色的大森林中铺上了一层淡黄色的地毯，此时山梅叶艳，杜鹃争春，红如流云，白似飞雪，满山披锦，五彩缤纷。盛夏林木茂盛，灌木丛丛，绿荫沉凝，野藤缠绕，苔藓低伏，翠绿的叶片伴着轻柔的枝条，舞影婆娑，泛浪掀波。深秋松竹沉黛，红叶漫山，层林尽染，硕果缀枝，野果累累，百草含芳，漫天飘香。隆冬群峰叠岩，风荡林海，山色凝重，似露峥嵘，引人入胜。景象万千的黄水国家森林公园可谓是春花烂漫，夏荫浓郁，秋色绚丽，冬景银妆。

园内黄水林区万木参天，遮天蔽日。婀娜多姿的阔叶林、整齐有序的柳杉林、雄伟壮观的马尾松林，错落有致地布满山峦。一望无际的林海，纯林片片，杂林斑斑，郁郁葱葱，翠连天际。树冠随风翩翩起舞，泛浪掀波，树形千姿百态，有的傲然挺立，有的卑躬谦廉，有的情侣相依，有的孤身惆怅。在密林深处，清风徐来，如对对佳偶细语，疾风扫过，似阵阵海涛翻腾。

园内火棘景观极具特色。火棘属蔷薇科，为多年生常绿有刺灌木或小乔木。千野草场景区万亩火棘，一年四季景色不断。春暖花开漫山遍野百花满枝，夏天青果挂枝绿意盎然，秋冬红果直达翌春，久坠枝头灿如红霞。火棘果期长，是四季观赏性植物。

园内牧草景观非常壮观。千野草场万亩草场春暖花开之际，万物复苏，漫山遍野，绿意盎然，古朴的木栅围成一圈圈，一群群牛羊徘徊山原。夏季阳光明媚，百草含芳；秋季漫天飘香，红籽累累，点缀其间；冬季白雪皑皑，北国风光。是难得的南方草原景观。

（4）动植物景观。动植物景观丰富多彩。黄水国家森林公园以其古朴的原貌、良好的植被、完美的森林生态环境，孕育着180多种野生动物，被称为“动物天堂”。漫行于山林之间，或见青蛙弹跳，或睹蜥蜴穿行，或闻鸟声啾啾，或见雄鹰翱翔。尤其是油草河地区，茂密的森林和深山幽谷给野生动物提供了栖息繁衍的良好场所。园内动物种类繁多，林中獐、猴、狐、貂、狼等走兽时常出没，竹鸡、喜鹊、画眉、布谷、相思鸟、红腹锦鸡等飞禽常来常往。天然的动物景观为森林公园增添了勃勃生机，游客在此可享受原始森林的独特韵味。

（5）石芽丛景观。千野草场是典型的喀斯特地形，众多的嶙峋怪石，千奇百怪的石芽、石笋、石林组成十里石山。

走进麻坪石芽区，一列列排满了石芽。成片的石芽汇集在一起，远远望去，犹如白浪滔天，一大片鬼斧神工的怪石，或鸭子戏水，或企鹅望日，或猛狮出林，俨然一个天然动物园。约4000 m的山地上、草场边，沿山势而上，嶙峋奇石，煞是好看，有的像巨人立地，有的像寺院大钟，有的像朝天舞剑，有的像万里长城，有的如龙椅，有的似浴盆，气象万千，意境深远。其中三块巨石，随游人视觉变化而变化，正面看为一人，侧面看为两人，反面一看，则像三人共体，当地人称为“藏猫石”。来到瓦屋石林区，一个个石头，活像妙手寥寥几笔的杰作，有的像猴子，有的似蟒蛇，抑或是“四不像”的动物，在搔首弄姿，在仰天长啸，在流转顾盼，在眉目传情……

（6）神奇梦幻的天相景观。黄水蜿蜒平缓的山脉，因海拔高，温差大，不时被云雾笼罩。云海缥缈、云腾烟涌，如奔马，似银绸，弥漫四合。时而化作云瀑，直泻谷底；时而变为流云，环绕峰腰。云海中峰峦沉浮，景色万千，叹为观止。大雾弥漫，云海茫茫，给黄水涂上了一层神秘的色彩。黄水镇由于海拔高，黎明时分，遥望东方，天际间出现一线异色，白中润彩，彩中闪烁。一轮红日，其赤如丹，像东海彩波托扶着红日缥缈浮动，粼粼荡漾，正如云龙驾着太阳的彩舆，在天空洒洒脱脱，悠悠行驶，好一番神奇景象。

（7）凉爽宜人的气候资源。公园属亚热带湿润季风区，全年气候温和，四季分明，热量、降雨充沛，无酷热、有霜雪。年平均气温 12.1℃，最高气温 25℃，最低气温－5.5℃，7 月平均气温 20℃，比石柱县城低 8℃，比重庆主城区低 10℃，非常适合夏季避暑、休闲、疗养。

5.2.2 人文景观资源

黄水国家森林公园丰富的神话传说，源远流长；土家风情，多姿多彩；丰富多彩的人文景观，构成了森林公园又一道重要的风景旅游资源。

（1）神话传说，源远流长。摸天坡：位于大风堡东北，海拔 1200 m，从坡底仰望坡顶，感到爬到坡顶，伸手就可触摸天堂。四面坡石级山坡窄又长，两面杂木丛生，掩荫蔽日，相传这里常是妖魔鬼怪出没之地，在此行走只能向前看，千万别回头，回头鬼怪即刻跟踪，并会牵着你的魂魄到丰都鬼城报到。

王母城：位于马脑城对面西山 500 m 处。相传王母娘娘相中该地，下到凡间在此居住，与当地农民和睦相处，在她离开之际，她将此地化作“晴雨表送与当地农民，如果有雾，四周山即雨”。现在当地农民常用它来预测天气，安排农活，翻晒谷物。

宝狮塔：位于黄水镇东方，从国道 318 线驱车 18 km 便到，为自然石塔，高 15 m，塔底直径 10 m，塔顶半径 14 m，似口大锅覆盖整个塔身。塔上零星点缀花草树木，春天海棠飘香，夏有杜鹃吐红，冬日白雪皑皑，风景别致精巧。相传，塔顶之孔堵塞，则相邻的万县城内水竭；若伐其木则万县城内必有火灾，故又称其为“万县风水塔”。

十二花园姊妹峰：在黄水镇西南方，位于凉水井，观景台可览全景。十二姊妹峰婀娜多姿，形态逼真，有的像天女散花；有的如仙姑望月；有的似蝙蝠侠女；山麓蜿蜒，树木浓荫，奇花遍地，可让游客大饱眼福。相传很久很久以前，天上后花园管花的十二姊妹贪恋人间，借着月色游到此，被贪恋女色的玉皇寺和尚发现，和尚调戏仙姑，互相争斗，纠缠不休，胜负难分，时至翌日凌晨，观音发现此事，使出定根法，后来十二姊妹化成十二峰，三和尚化成三大石头，峰石至今俱在，故事永流传。

(2) 土家风情，多姿多彩。石柱土家族自治县是三峡库区唯一的少数民族自治县，土家族人千年的历史积淀形成了自己独特的风土人情。土家人多居住山区，以岩、台、湾、坝聚族而居，房屋多修吊脚楼，楼上有要楼（杉栏子）；土家人常以酸辣酢、大块肉、坛子酒为饮食特点，以阴米茶、醪糟、煮腊肉、推豆腐等饮食待客；服饰多自纺自染自织的白、蓝、青、灰色土布，男女头上包白、青帕，对肩子、乡花围腰、乡花袜底为主要特色；婚嫁有三个独特的习俗：一是哭嫁，二是穿离娘鞋，三是抢床（坐床）；土家人喜灯舞，逢年过节或婚嫁、搭梁、丧葬、生日等日子喜玩灯舞，打道钱和摆手舞最受土家人喜欢；“毕兹卡”是土家人的自称，“舍巴”指摆手舞，民歌形式也别具一格，薅身锄草有薅身歌和锄草锣鼓，放牛有山歌，相爱有情歌，出嫁有哭嫁歌，死人有孝歌，石工、抬工、土工有号子相伴。

(3) 黄连种植，驰名中外。石柱黄水镇搭棚栽连起源于明末清初，已有400多年的历史，现有宜种连地60万亩，常年在地黄连3万亩，是全国最大的黄连主产区和黄连交易地，其产量占全国总产量的60%以上，交易量占全国的70%以上，产品销往全国，出口东南亚各国及世界50多个国家和地区，是著名的“中国黄连之乡”。

5.2.3 景观资源综合评价

综上所述，雄大俊秀的峰峦，茫茫无际的林海，绿油油的万亩草场，如诗如画的江湖、水库，恬静雅致的环境，源远流长的神话传说，多姿多彩的土家风情，构成了黄水国家森林公园丰富多彩的旅游资源。

5.3 重庆黄水国家森林公园旅游环境承载力分析

森林公园旅游环境承载力是指在一定时间和空间范围内，自然生态环境不致退化和环境质量不下降的前提下，森林公园所能容纳游客的数量。合理控制环境承载力是景观资源永续利用和保持旅游业可持续发展的根本保证，是公园取得最佳经济效益的重要前提，也是规划设计和组织管理机构决策的重要依据之一。

森林公园旅游环境承载力主要由自然环境承载力、经济环境承载力和社会环境承载力构成，各分量指标都是在时间和空间上对旅游活动强度的衡量。旅游环境承载力的这种时空特性以及旅游活动基本空间标准的获得，为旅游环境承载力各分量指标的测评提供了可以操作的途径。

黄水国家森林公园具有良好的旅游资源和生态环境，为使公园开发建设与风景资源保护有机结合，在能够提供安全舒适观赏活动空间的同时，又避免超负荷旅游对风景资源和旅游环境质量造成破坏，必须对旅游区、线的环境承载力进行合理估算，为公园的旅游开发与管理提供科学依据。

环境承载力的估算应该遵循以下原则：第一，忍耐度原则。环境承载力的估算必须满足在保证风景资源价值不下降和风景环境质量不退化的前提下，取得最佳的经济效益，而又不能超过风景资源保存和风景环境质量保护的自然调节能力的要求。第二，满足性原则。环境承载力估算必须保证游客的游览兴趣、舒适愉快与观光期望等要求得到满足，以便取得最佳的经济效益、环境效益与社会效益。第三，安全卫生原则。环境承载力估算必须是在自然资源、环境质量和生态环境得到保护，游客的游兴要求得以满足的前提下，为游客提供安全、卫生、方便的旅游环境。

5.3.1 森林公园的自然环境承载力测算

（1）大气净化能力测算。大气净化能力是旅游地生态环境系统对旅游活动起限制性作用的因素之一，大气净化能力主要是植被的氧气供应量或对二氧化碳的净化量，其测量模型为：

$$C_1=\frac{R}{r} \tag{5.1}$$

式中，C_1 表示大气净化能力对旅游及相关活动的承载力影响；R 表示植被总的 O_2 供应量或对 CO_2 的净化量；r 表示人均需要 O_2 量或产出的 CO_2 量。

根据有关研究资料，1 公顷森林绿地每天消耗 CO_2 1 吨，放出 O_2 0.73 吨，

每个成人每天消耗 O_2 约 0.8 千克，则每人平均需有 10 m^2 森林（或 40 m^2 草坪）的绿化面积，考虑到各种工业生产所放出的 CO_2 等有害气体，每人平均需要拥有 30～40 m^2 的森林绿地，才能维持空气中 O_2 和 CO_2 的正常比例，使空气保持清新[143]。

黄水国家森林公园林业用地面积 30500.0 hm^2，其中有林地面积 28000.0 hm^2，森林覆盖率为 86.3%，整个景区空气净化功能强大。本书以森林绿地提供的 O_2 量为准，采用每位旅游者平均需要 40 m^2 森林绿地的最高标准，测算得出：大气净化能力对旅游活动的承载力 7×10^7 人/天。考虑到黄水国家森林公园周边地区几乎没有什么工业产业，工业排放 CO_2 影响可以忽略。因此，大气净化能力完全不作为森林公园旅游环境承载力的限制因子。

表 5.1 黄水国家森林公园大气净化能力

参数值	大气净化能力承载力	
	平、淡季	旺　季
R＝280000.0 hm^2；r＝40 m^2/人	7×10^7 人/天	7×10^7 人/天

（2）污染物处理能力测算。处理能力主要取决于三个变量：一是旅游地生态环境系统净化与吸收污染物的能力；二是旅游地人工系统处理污染物的能力；三是单位时间内人均产生污染物的数量。

通常情况下，生态环境系统对污染物的自然净化能力很慢，人工方式处理污染物的作用很大，因此旅游地对污染物的处理能力优先考虑人工方式。污染物处理能力的测量模型为：

$$C_2 = \frac{\sum Q_i}{\sum q_i} \tag{5.2}$$

式中，C_2 表示人工处理污染物的能力；$\sum Q_i$ 表示每天人工处理掉第 i 种污染物的数量；$\sum q_i$ 表示每位旅游者 1 天内产生的第 i 种污染物的数量。

实际调查发现，黄水国家森林公园的污染物处理能力很大程度上取决于对游客丢弃垃圾的处理能力。园区垃圾呈点状分布和线状分布两种类型。点状分布主要集中在园区各接待场所、各休息场所以及各食宿点、购物点等，线状分布是旅游者在步行游览途中丢弃的废弃物（见表 5.2）。

表 5.2　黄水国家森林公园主要线路的垃圾分布

景　点	线状分布
西沱、千野草场、灵山佛游览线	西沱温泉—西沱土家风情园—嘉雨漱岩—翠峰舒远—江南龙宫—日华墨宝—览胜亭—森林浴场—鱼池跑马—卡丁车场—灵山佛庙—傍山纳水—火棘园小区（火棘山、火棘迷宫、火棘园艺园、火棘作坊、火棘游园）—麻坪民俗体育健身小区（射击场、射箭场、秋千乐园、竹铃球赛场、草坪排球场、山地自行车跑道等）—大坪草场风情游览小区［滑草（雪）场、牛马栅栏、跑马场、马术表演场、观江廊、欢乐林、日光浴草坪、篝火娱乐场地、烧烤场地、休闲草亭等］—瓦屋游牧风情体验小区（表演广场、土家山寨、游牧作坊、牛羊栅栏、大草原、蒙古包、篝火广场、野营烧烤场地、万花山等）—姣鱼水库游乐场
毕兹卡绿宫、万胜坝游览线	毕兹卡绿宫—毕兹卡瀑布—杜鹃谷—竹园—百鸟园—黄连苦园—珍稀植物园—森林游乐园—将军岩—大风堡观景台—万胜坝水上游乐中心—翠竹园—靶场—土家风情岛—蛇岛—孔雀园—猴岛—鸵鸟园—鹿苑
油草河、洋洞游览线	玩芳候马—天开国画—森林浴场—洋洞雄师—乾坤北海—靶场—桃花园—森林游乐园—原始竞技场—油草龙脊—森林浴场—烧烤场

黄水国家森林公园固定垃圾堆放点主要集中在黄水镇、鱼池镇、冷水镇和枫木乡。每个园区对垃圾进行临时堆放，然后转至集镇统一处理。目前黄水镇日处理垃圾能力约 24 吨。厕所分布及环卫工人数量见表 5.3。

表 5.3　黄水国家森林公园厕所分布及环卫工人数量

景　点	厕所（座）	环卫工人（名）
大风堡	7	4
毕兹卡绿宫	3	2
药用植物园	1	1
油草河	1	1
千野草场	3	3
黄水镇	5	35
鱼池镇	1	4
冷水镇	1	3
枫木乡	1	2
合　计	23	55

根据实际调研结果，园区环卫工人日清理垃圾为 260kg/人·天，旅游者平均每天产生的生活垃圾为 0.6kg/人·天。该景区季节性明显，淡、旺季分明，旅游者在季节上的分布很不均衡，为降低人工成本，园区在旅游平、淡季会对环卫工人的数量进行调整，一般减为旅游旺季的 50%左右。黄水国家森林公园污染物处理能力见表 5.4。

表 5.4　黄水国家森林公园污染物处理能力

参数值	污染物处理能力承载力	
	平、淡季	旺　季
$\sum Q = 260\ \text{kg} \times 55 = 14300\ \text{kg}$; $\sum q = 0.6\ \text{kg}$	11917 人/天	23833 人/天

5.3.2 森林公园的资源空间承载力测算

黄水国家森林公园在旅游旺季的日营业时间约为 10 小时，在平、淡季约为 8 小时，除去日常设备检修和维护保养时间，在旅游旺季设备有效运营时间为每天 8 小时，在旅游平、淡季有效运营时间为每天 6 小时。园内各景点或游览区相对分散，各景点或游览区之间的结合度较低，管理相对独立，根据景区的资源类型和各景点、游览区的空间分布结构，可以对千野草场景区、灵山佛景区、毕兹卡绿宫景区、万胜坝景区、油草河景区、洋洞景区、生态保护区、综合管理区 8 大旅游区分别测算各自的日资源空间承载力，结合旅游者在景区的空间流动特点，通过问卷调查计算出旺季和平、淡季旅游者旅游活动，把各景点或游览区各自的日资源空间承载力折合成整个景区的日旅游资源空间承载力。采用面积法、游道线路法结合园区内交通设施状况测算园区旅游资源空间承载力。

（1）面积法承载力测算。当旅游地的游览面积成为主要限制因子时，对资源本身的容纳能力而言，极限数值的取得较为简单，以资源的空间规模 S 除以每位旅游者最低的基本空间标准 S_0，即可得到资源的极限瞬时承载力，再根据旅游者人均每次游览时间 t 和旅游地每日开放时间 T，就可得出资源空间承载力。旅游地资源空间承载力的测量模型为：

$$C_3 = \frac{S}{S_0} \times \frac{T}{t} \tag{5.3}$$

式中，C_3 表示以游览面积为限制因子的资源空间承载力；T 表示旅游地日营业时间（小时/日）；t 表示旅游者人均每次游览时间（小时/人）；S 表示资源的空间规模（m^2）；t 表示旅游景点单位容人指标（m^2/人）。

黄水国家森林公园采用面积法的估算方式，其公式如下：

$$C_3 = \frac{S}{S_0} \cdot K \tag{5.4}$$

式中，K 表示风景区游览周转系数，通过实际调查估算。其他参数解释如上。

根据重庆黄水国家森林公园的景观资源条件和分布情况以及交通状况和游览方式的要求，测算结果见表 5.5。从表 5.5 可知黄水国家森林公园日环境容量为 12300 人次/日。

表 5.5　黄水国家森林公园旅游环境容量估算

景　区	景区面积（hm^2）	可游面积（hm^2）	可游率（%）	单位容人指标（hm^2）	周转率（批）	旅游环境日容量（人次/日）
1. 千野草场景区	1429.8	1000	69.9	0.20	0.5	2500
2. 灵山佛景区	1185.6	570	48.1	0.15	0.5	1900
3. 毕兹卡绿宫景区	876.3	500	57.1	0.20	1.0	2500
4. 万胜坝景区	2152.3	600	27.9	0.20	0.5	1500
5. 油草河景区	2342.1	1200	51.2	0.40	0.5	1500
6. 洋洞景区	2640.5	1000	37.9	0.50	0.5	1000
7. 生态保护区	21703.5	1100	5.1	0.50	0.5	1100
8. 综合管理区	111.0	30	27.0	0.10	1.0	300
总　计	32441.1	6000				12300

（2）游道线路法承载力测算。若旅游地以若干项目为节点，以既定粗细均匀的游览线路为甬道，连接成网络系统，旅游者按既定线路游览，则游道的资源空间承载力动态测量模型为：

$$C_4 = \sum\left(\frac{L}{l} \times \frac{T}{t}\right) \tag{5.5}$$

式中，C_4 表示以游道为限制因子的资源空间承载力；L 表示旅游地游道长度；l 表示旅游者之间的最小间隔（m/人）；T 表示旅游地的日营业时间（小时/日）；t 表示旅游者走完全程所需的时间（小时）。

旅游者的类型和特点不同，对个人空间距离的要求存在一定的差异。冯学钢[144]将旅游者感知距离 g 划分为密切距离（$g \leqslant 1.2$ m）、个体距离（$1.2\ \text{m} \leqslant g \leqslant 2.4$ m）、社会距离（$2.4\ \text{m} \leqslant g \leqslant 3.6$ m）、公众距离（$g \geqslant 3.6$ m）四种类型，将旅游者分为内向型和外向型两种类型。通过对黄水国家森林公园进行的问卷、访谈和实地体验，向团队和散客旅游者共发放问卷 500 份，收回有效问卷 450 份，团队旅游者问卷回收率为 90%，散客旅游者问卷回收率为 90%。采用综合平均法，求出旅游者在黄水国家森林公园正常进行旅游活动的距离应大于 4 m。

根据重庆黄水国家森林公园的景观游览方式的要求，千野草场景区游道和油草河穿越游使用游览线路法测算其旅游承载力，见表 5.6。

表 5.6 黄水国家森林公园旅游环境容量估算

项　目	景区长度（km）	可游长度（km）	可游率（%）	单位容人指标（m）	周转率（批）	旅游环境日容量（人次/日）
1. 千野草场游道	15	12	80	4.0	0.5	1500
2. 油草河穿越游	10	9	90	4.0	0.5	1125
总　计	25	21				2625

（3）大风堡旅游承载力测算。大风堡的旅游承载力很大程度上取决于接送游客上下山的电动小汽车的运载能力。具体模型如下：

$$C_5 = \sum \left(V \times \frac{T}{t} \times R\right) \tag{5.6}$$

式中，C_5 表示旅游景区内交通工具运载游客能力；V 表示主要运载游客交通工具的数量（辆）；T 表示旅游地主要交通工具日有效运营时间（小时/日）；t 表示旅游车辆的平均行使时间（小时/辆）；R 表示旅游车辆的瞬时承载力（人/辆）。

为降低人工成本，园区在旅游平、淡季会对电动小汽车进行适当调整，一般减为旅游旺季的 50%左右。

表 5.7 黄水国家森林公园大风堡旅游环境容量估算

项　目	电动小汽车数量	车辆瞬时承载力	人均标准	有效运营时间	旺季（人）	平淡季（人）
大风堡风景区	10 辆	10 人/辆	30min/次	8 小时	1600	800

（4）黄水国家森林公园整体资源空间承载力测算。对园内对千野草场景区、灵山佛景区、毕兹卡绿宫景区、万胜坝景区、油草河景区、洋洞景区、生态保护区、综合管理区八大资源空间承载力进行求和，遵循“短板原理”，考

虑游览率以及估算公园全年可游天数 270 天，可得整个景区的资源空间承载力，见表 5.8、表 5.9。

表 5.8 黄水国家森林公园旅游环境容量估算

景 区	旅游环境日容量（人次/日）
1. 千野草场景区	1500
2. 灵山佛景区	1900
3. 毕兹卡绿宫景区	2500
4. 万胜坝景区	1500
5. 油草河景区	1125
6. 洋洞景区	1000
7. 生态保护区	1100
8. 综合管理区	300
总 计	10925

表 5.9 黄水国家森林公园年合理环境容量估算

旅游季节	时间（天）	游览率（%）	年旅游环境容量（人次/年）
旺季	150	70	1147125
平季	90	40	393300
淡季	30	20	65550
总计	270		1605975

为将资源空间承载力的单位统一到“人/天”，需要对黄水国家森林公园八大旅游项目进行分析。通过对散客和团体旅游对象的问卷调查和随后的统计得出，旺季森林公园游客平均游览的项目数约为 2.1 项/人·天，平、淡季森林公园游客平均游览的项目数约为 1.3 项/人·天，据此可以求出黄水国家森林公园旅游旺季和平、淡季日资源空间承载力。旅游旺季为 $C_{旺季}=1147125\div2.1=546250$（人/天），旅游平、淡季为 $C_{平、淡季}=(393300+65550)\div1.3=352962$（人/天）。

5.3.3 森林公园的基础设施承载力测算

基础设施是旅游地区建设的基本设施，如交通运输系统，水、电、气的供应系统，废水、废弃物的排污处理系统，邮电通信系统等。这些基础设施是旅游地为旅游者提供服务所必不可少的物质保障。为确保旅游者能够顺利到达旅游地，在旅游地能够顺利开展观光游览活动，旅游地必须具有良好的基础设施。旅游地基础设施的状况，主要体现在交通的通达程度以及污水处理、水电气的供应能力、通信设施的发展程度等方面。许多旅游地特别是远离经济依托地的旅游景区、景点，交通运输系统的通达程度较差，水、电、气的供给能力低，基础设施成为制约其旅游业发展的主要"瓶颈"。

(1) 黄水国家森林公园交通基础设施承载力测算。旅游地的交通包括旅游地所在城镇交通设施和景区交通服务设施两部分，其中旅游地所在城镇交通设施包括民航、铁路、公路及航运码头等，其状况的好坏决定了旅游地的可进入性。景区交通设施同时又是旅游地的旅游服务设施，因此构建交通设施承载力的动态测量模型应从这两个方面分别考虑。以旅游地公路交通系统的承载力为例，测量模型为：

$$C_6 = \sum\left(V \times \frac{T}{t} \times R\right) \tag{5.7}$$

式中，C_6 表示旅游地公路交通系统的承载力；V 表示旅游车辆的数量（辆）；T 表示旅游车辆的有效运营时间（小时/日）；t 表示旅游车辆的平均行使时间（小时/辆）；R 表示旅游车辆的瞬时承载力（人）。

黄水国家森林公园中心地带（黄水镇）公路交通距石柱县县城 60 km，重庆市区 250 km（沿途经涪陵、丰都等区县），距湖北利川 60 km，宜昌 250 km，武汉 550 km，距本公园在长江岸边入口——西沱不足 50 km。目前公园外部公路全为改造后的沥青路面或水泥硬化路面；公园所在的西沱镇是长江重要深水良港之一，乘快艇逆水而上抵重庆市不足 4 小时，顺流而下到湖北宜昌仅 5 小时，到武汉 10 小时；国际旅游城市重庆、宜昌、武汉交通便捷，航空、铁路、公路四通八达，为公园提供良好的游客集散条件。园区内交通线路基本形成网络。现有各类等级公路近 100 km，各景区均有道路相通，且全部油化。

根据实地调查，石柱县城至黄水国家森林公园景区主要有两条公路：一是石柱至黄水的水泥硬化路，共 67 km；二是石柱至黄水由高速公路、二级连接路组合而成的混合公路，全长共 68 km。主要交通方式为中巴车，每天7：30～16：30 发车，平均每一小时一班次。此外有少量的出租车运营。通过对游客的问卷调查发现，85%的游客使用私家车旅游，7%的游客使用中巴车到景区，另外还有 6%的游客使用出租车到景区，2%的游客使用摩托车到景区。中巴车的载客标准为 20 人/辆，出租车为 2 人/辆，摩托车为 1 人/辆。见表 5.10。

表 5.10 黄水国家森林公园交通基础设施承载容量估算

交通方式	有效运营时间	平均行驶时间	瞬时承载力	承载容量
中巴车	9 小时	1 小时	20	$\frac{\frac{9}{1}\times 20}{7\%}=2571$
出租车	9 小时	30 分钟	2	$\frac{\frac{9}{0.5}\times 2}{6\%}=600$
摩托车	9 小时	30 分钟	1	$\frac{\frac{9}{0.5}\times 1}{2\%}=900$
合计				4071

据此可以求出黄水国家森林公园旅游旺季和平、淡季交通基础设施承载力。旅游旺季为 $C_{旺季}=4071$ 人/天，旅游平、淡季为 $C_{平、淡季}=4071\div 2=2036$ 人/天。

（2）黄水国家森林公园污水处理、供水、供电设施承载力测算。旅游地的污水处理能力以及供水、供电设施对旅游活动强度或规模的承受能力，是由旅游地经济发展的整体水平所决定的，它们对旅游地的旅游活动强度或规模有重要影响。测量模型为：

$$C_7=\frac{W}{\omega} \tag{5.8}$$

式中，C_7 表示旅游地污水处理、供水、供电设施的承载力；W 表示旅游地区污水处理能力及水、电的供给总量；ω 表示旅游者人均产生的污水量及需要的用水、用电量。

根据实地调查，景区污水主要来自于生活用水（包括餐饮污水、客房及洗衣房污水）、厕所污水及生活垃圾被雨水冲刷后形成的淋溶水，这些污水主要排放到黄水镇污水处理厂处理。目前，黄水、西沱、枫木等乡镇都建有污水处理厂，其中黄水镇日处理污水能力 1100t，而景区日排放污水大约在每天 200t 以内。园区在灵山佛庙、灵山佛乡村俱乐部、灵山佛康复疗养中心、万胜坝水上俱乐部、土家风情岛、油草河宾馆、自身桥、洋洞客栈各建 1 处污水处理点。污水的处理流程主要有以下三种：污水→格栅→调节池→初级沉淀（物理处理）→生物处理（生物转盘）→二次沉淀→消毒（加氯）→排放或利用；厕所污水→化粪池→格栅→沉淀→隐蔽导流→自净、土壤渗透等→排放或利用；厕所污水→化粪池→格栅→沉淀→生化池→排入林地、农田。

显然，无论从污水处理质量还是数量来看，目前污水处理能力对景区旅游环境承载力不构成限制性因子。

景区在旅游服务设施相对集中的区域采取就近取水原则，目前黄水国家森林公园在黄水、悦崃、鱼池镇和千野草场各有供水站 1 个。其中，黄水镇日供水量旺季为 2500 m^3，淡季为 800 m^3（水损以 5%计算），水源来自月亮湖三级坝；悦崃镇日供水量为 400 m^3，水源来自古城河；鱼池镇日供水量为 200 m^3，水源来自千野草场山脚溶洞；千野草场日供水量为 200 m^3，水源来自千野草场山脚溶洞。生活饮用水经净化处理，达到饮用水标准。千野草场景区以南端山脚下的龙洞河作为水源点。在大坪村麻坪组汪家院子 1555 m 高程处修建净水厂，设四级抽水泵站从龙洞河水源点抽水至汪家院子净水厂，净水工艺流程按原水—混合—反应—沉淀—过滤—消毒—清水—供水方式进行。经过水质处理后向景区内各用水点供水。灵山佛景区主要利用溪水或地下水，结合姣鱼水库作为主要的水源。黄水综合管理区和毕兹卡绿宫景区通过黄水镇自来水供水，其中黄连苦园的供水以山溪水为主，以地下水为辅。万胜坝景区各用水点均以万胜坝水库为水源。油草河景区的油草河宾馆、土家风情岛主要以油草河为水源或引入高位山溪水。洋洞景区的洋洞管理站和洋洞宾馆的水源以溪水为主。

园区游客用水标准为游人 500 L/人·日，居民生活用水 100 L/人·日，主要建筑物日用水量估算见表 5.11、表 5.12。污水处理量按用水量的 90%考虑，见表 5.11、表 5.12。

表 5.11 用水量（排水量）估算

<table>
<tr><th>建筑</th><th>档次</th><th>单位</th><th>日用水量
(L)</th><th>每单位折合建筑面积
(m²)</th><th>说　明</th></tr>
<tr><td rowspan="3">旅馆</td><td>低档</td><td>每床</td><td>200</td><td>8～12</td><td rowspan="10">1. 旅馆、办公楼、职工宿舍高档者均有空调，医院疗养院高档者有单独卫生间
2. 污水处理量（排水量）按除去空调补充水的 90%
3. 空调补充水按每日空调面积 0.01～0.013 m² 估算
4. 其他用水量 200～500 L/床
5. 设有中水系统的建筑物日用水量减 100～150 L/人
6. 每单位折合建筑面积是指每床或每人约需面积量</td></tr>
<tr><td>中档</td><td>每床</td><td>500</td><td>15～18</td></tr>
<tr><td>高档</td><td>每床</td><td>1500</td><td>28～30</td></tr>
<tr><td rowspan="2">办公楼</td><td>一般</td><td>每人</td><td>30～50</td><td>7～10</td></tr>
<tr><td>高档</td><td>每人</td><td>50+空调补水</td><td>7～10</td></tr>
<tr><td rowspan="2">职工宿舍</td><td>低档</td><td>每人</td><td>80</td><td>6～6.5</td></tr>
<tr><td>高档</td><td>每人</td><td>150</td><td>7～10</td></tr>
<tr><td rowspan="3">医院疗养院</td><td>低档</td><td>每床</td><td>75+其他用水</td><td>42～45</td></tr>
<tr><td>中档</td><td>每床</td><td>150+其他用水</td><td>46～48</td></tr>
<tr><td>高档</td><td>每床</td><td>320+其他用水</td><td>50～52</td></tr>
</table>

表 5.12 主要旅游服务设施用水量

建 筑 物 名 称	档次	规模（床）	日用水量（m^3）
岩口宾馆	高、中	200	200
万胜坝酒店	高、中	250	250
欧式别墅	高	40	60
洋洞宾馆	高、中	150	150
温泉酒店	高、中	150	150
油草河宾馆	高、中	200	200
大坪接待中心	中、低	100	35
麻坪接待中心	中、低	100	35
土家山寨	中、低	50	18
灵山佛乡村俱乐部	中	50	25
灵山佛康复疗养中心	中	50	25
灵山佛乡村风格综合楼	中	30	15

续表

建筑物名称	档次	规模（床）	日用水量（m^3）
万胜坝水上俱乐部	高、中	80	80
土家风情岛	中、低	150	45
洋洞客栈	中、低	30	11

据测算，2009年黄水国家森林公园日用水量约为282.19 m^3，排水量为253.97 m^3。可见目前供水能力对景区旅游环境承载力不构成限制性因子。

园区内电力资源丰富，全县各乡（镇）基本实现并网发电，电力自给有余，在公园周边的黄水、西沱、鱼池、枫木等乡（镇）都建有变电站，并已列入计划近期增容扩建。其中，黄水片区供电为35千伏线路、10000千伏安容量，10千伏供电。高峰期日用电量为20000～30000千瓦，平时5000千瓦，千野草场1000千瓦。由石柱供电公司供应，见表5.13。

表5.13　主要旅游服务设施新增用电量

旅游设施	档次	规模（m^2）	日用电量（kW）
合　计			2787
岩口宾馆	高、中	8000	400
万胜坝酒店	高、中	10000	500
欧式别墅	高	250	15
洋洞宾馆	高、中	5000	250
温泉酒店	高、中	5000	250
油草河宾馆	高、中	8000	400
大坪接待中心	中、低	3000	90
麻坪接待中心	中、低	3000	90
土家山寨	中、低	1500	45
灵山佛乡村俱乐部	中	800	32
灵山佛康复疗养中心	中	1600	64
灵山佛乡村风格综合楼	中	800	32

续表

旅游设施	档次	规模（m^2）	日用电量（kW）
姣鱼水库水上娱乐中心		200	8
万胜坝灯光球场		10000	400
万胜坝水上俱乐部	高、中	1500	75
万胜坝水上娱乐中心		400	16
土家风情岛	中、低	3000	90
洋洞客栈	中、低	1000	30

可见目前供电能力对黄水国家森林公园景区旅游环境承载力不构成限制性因子。

5.3.4 森林公园旅游服务设施承载力测算

旅游服务设施是旅游地为旅游者提供服务的凭借物，一般包括住宿、餐饮、购物、娱乐等。旅游者和旅游活动类型的不同，对旅游服务设施的需求差异很大，如商务型旅游者对住宿、餐饮、购物、娱乐等旅游设施的要求远比普通观光型旅游者对这些设施的要求高，所以旅游者和旅游活动形式的改变，会给旅游服务设施的承载力带来较大影响。旅游季节的不同也会给旅游服务设施的承载力带来巨大变动。在旅游旺季，旅游地必须要有足够的旅游供给能力和大量的旅游服务设施，才能满足旅游者的需求；但在旅游淡季，由于旅游者人数的骤减，使旅游地接待的旅游者人数低于旅游开发的最低门槛人数，导致大量的旅游服务设施闲置，旅游地旅游服务设施的供给能力过剩。

（1）黄水国家森林公园住宿设施承载力测算。住宿设施承载力的限制因子是饭店的床位数或房间数。旅游者对住宿设施的选择取决于其身份地位和个人喜好，在测量时需要对旅游者选择的住宿方式进行问卷调查。测算模型为：

$$C_8 = Z \times \frac{T}{t} \times \gamma \tag{5.9}$$

式中，C_8 表示旅游地住宿设施的承载力；Z 表示旅游地某种或某几种住宿方式的供应能力（床位数或房间数）；T 表示旅游地住宿设施的营业天数（天）；t 表示旅游者平均住宿天数（天/人）；γ 表示旅游者选择的住宿方式的比例（%）。

根据对旅店度假山庄和游客的问卷调查得出，游客通常选择从景区返回黄水镇住宿。游客住宿率为70%，平均住宿天数为1.5天，床位利用率近期为80%。黄水镇宾馆总床位3200张，旺季平均入住率85%以上，淡季30%左右，住宿时间1～2晚居多。其他住宿指标见表5.14。

表5.14　旅游床位

年份	游客数量（万人次）	住宿率（%）	住宿天数	全年营业天数	床位利用率（%）	住宿设施承载力（张）
2007	40.86	70	1.5	270	80	1986
2009	70.11	70	1.5	270	80	3408

从上面分析可以得出，目前黄水国家森林公园住宿设施能够满足游客的住宿要求，但随着旅游人数的逐年增加，住宿设施的预留空间不大，有可能成为旅游环境承载力的限制性因子。黄水国家森林公园住宿设施承载力在旅游旺季为$C_{旺季}$＝4489人/天，旅游平、淡季为$C_{平、淡季}$＝1760人/天。

（2）黄水国家森林公园餐饮、购物、娱乐设施承载力评估。餐饮设施不仅能满足旅游者的基本生理需求，也能满足旅游者多种心理需求，其质量水平和风格特色是旅游地旅游产品总体质量水平和风格特色的重要反映。旅游者在旅游地的用餐形式多种多样，有自带食物的，也有在旅游地餐饮部门用餐的；有在景区景点内用餐的，也有在景区景点外用餐的。对旅游者用餐形式的把握要通过相应的问卷调查来实现。旅游地餐饮设施承载力测算模型为：

$$C_9 = \sum M_i \div \lambda \qquad (5.10)$$

式中，C_9表示旅游地餐饮设施的承载力；$\sum M_i$表示旅游地某种或某几种用餐形式的日供应能力；λ表示旅游者选用某种或某几种用餐方式的比例（%）。

购物是旅游者在异地的一项重要旅游活动内容。购物设施对旅游活动承载力的大小取决于购物设施的数量以及每家购物场所可接待的最大旅游者数量。测算模型为：

$$C_{10} = \sum B \tag{5.11}$$

式中，C_{10}表示购物设施的承载力；B表示某一购物设施1天接待的旅游者数量。

娱乐设施是指旅游地供旅游者在旅游之余消遣之用的设施，如歌舞厅、卡拉OK厅、游泳池、保龄球馆等，它不同于在旅游地内作为旅游吸引物的游乐设施。测算模型为：

$$C_{11} = \sum\left(O_i \times \frac{T}{t}\right) \tag{5.12}$$

式中，C_{11}表示旅游地娱乐设施的承载力；O_i表示第i种娱乐设施的瞬时承载力；T表示娱乐设施的开放时间（小时/日）；t表示旅游者平均消费一次娱乐设施所需要的时间（小时/次）。

目前黄水国家森林公园主要的餐饮、购物、娱乐设施已建和在建项目如下：

①旅游综合服务中心。在森林公园的岩口、黄水、万胜坝等三个综合管理区设有旅游综合服务中心。

岩口综合管理区岩口宾馆，宾馆总建筑面积5000 m^2，高、中档床位180张，高、中档餐厅2座，大厅2间，小厅15间，每间建筑面积20 m^2，其中10间带有娱乐厅，共计餐座250座，建筑面积600 m^2，宾馆建有写字间400 m^2，大、小会展中心500 m^2，可接待会议、展览、体育活动等，另有200 m^2的购物中心和1处医务所及其他康乐健身设施面积300 m^2。万胜坝综合管理区万胜坝酒店，土家民居院落式布局，酒店总建筑面积8000 m^2，高、中档床位250张，高、中档餐厅2座，大厅3间，小厅20间，每间建筑面积20 m^2，其中15间带有娱乐厅，共计餐座300座，建筑面积800 m^2，酒店建有写字间500 m^2，大、小会展中心600 m^2，可接待会议、展览、体育活动等，另有200 m^2的购物中心和1处医务所及其他康乐健身设施面积300 m^2；万胜坝水库内岛建欧式别墅10栋，每栋建筑面积250 m^2，附有花园和独立基础设施，设高档床位40张；万胜坝景区水上娱乐中心，建筑面积400 m^2，多功能戏水泳池1座，可开展划船、游泳、戏水、垂钓等活动。油草河景区油草河宾馆，酒店总建筑面积4000 m^2，高、中档床位120张，高、中档餐厅2座，大厅1间，小厅10间，每间建筑面积20 m^2，其中8间带有娱乐厅，共计餐座

150座，建筑面积300 m^2，宾馆建有小型会议中心300 m^2，多功能娱乐健身厅1座，附设餐饮、购物中心，建筑面积200 m^2，另有1处医务所；洋洞景区洋洞宾馆，土家民居院落式布局，宾馆总建筑面积3000 m^2，高、中档床位80张。高、中档餐厅2座，大厅2间，小厅10间，每间建筑面积15 m^2，其中10间带有娱乐厅，共计餐座200座，建筑面积600 m^2，大、小会展中心500 m^2，可接待会议、展览等，另有150 m^2的购物中心和1处医务所及其他康乐健身设施面积200 m^2，生态保护区西沱镇建有1座温泉酒店，酒店总建筑面积5000 m^2，高、中档床位150张，高、中档餐厅1座，大厅1间，小厅10间，每间建筑面积20 m^2，其中8间带有娱乐厅，共计餐座200座，建筑面积500 m^2，酒店建有多功能娱乐厅1座，可放电影、录像，开展舞蹈、健身等活动，附设餐饮、购物，建筑面积200 m^2，另有100 m^2的购物中心和1处医务所。生态保护区蛟鱼水库康复疗养水上娱乐中心，设有医疗康复室、治疗室、药浴室、理疗室、健身中心等，附有餐厅、娱乐厅，有餐座80座，建中档床位50张，建筑面积1800 m^2，可进行划船、垂钓、农耕等休闲活动。

②旅游综合服务村。旅游综合服务村具备一定旅宿、餐饮接待能力和娱乐、购物、医疗等设施，同时开展其他旅游活动，形成多功能、便于管理的旅游服务区域性核心。

千野草场景区大坪、麻坪接待中心，建筑面积均为3000 m^2，建筑层数1～2层，局部3层，各建中、低档床位150张，附有公共盥洗室和淋浴室，另设娱乐厅和健身房10间，餐厅可容120座。在大坪接待中心建卫生所1处；瓦屋小区土家山寨，吊脚楼式建筑，砖木结构，带“天井”，总计建筑面积1500 m^2，周边修建花园，设中、低档床位50张，餐厅可容100座。灵山佛景区灵山佛乡村俱乐部，欧美村舍的建筑风格，砖木结构，建筑面积800 m^2，设中档床位50张，餐厅、酒吧容纳80座，另附有娱乐厅、健身房等服务设施。灵山佛建乡村跑马场，引进中外良种马匹，修跑马道2000 m，建乡村风格综合楼1座，设中档床位30张，附有容纳80座的餐厅、酒吧和娱乐厅等服务设施，建筑面积800 m^2。万胜坝景区水上俱乐部，北欧山村建筑风格，砖木结构，设高、中档床位80张，附设有餐厅、酒吧、娱乐厅、健身房等服务设施，餐座120座，建筑面积1500 m^2。土家民俗村，吊脚楼式建筑，砖木结构，带“天井”，部分连修两至三重院，建中、低档床位150张，附有公共盥洗室和淋浴室，娱乐厅和健身房10间；土家民俗餐厅可容200座，并将建土家购物中心、土家茶楼、土家美食一条街、卫生所等，总计建筑面积10000 m^2，周边修建花园；民俗村服务人员穿着民族服装，可开展婚娶仪式、丰收庆舞、节日风情等喜庆习俗活动。洋洞景区洋洞客栈中、低档床位30张及公共盥洗室及淋浴室，附有80座餐厅、小型娱乐厅和1处卫生所，建筑面积1000 m^2。

③旅游服务站。旅游服务站分布于各景区，是直接为旅游观光服务的基地，依托旅游综合服务村，为游人提供餐饮、休憩和简单娱乐的场所，旅游服务站的建设结合各乡村和景点发展，总计建设16处，每处建筑面积40m^2，包括麻坪民俗体育健身小区、大坪草场风情游览小区、瓦屋游牧风情体验小区、灵山佛庙、江南龙宫、流汗溪杜鹃谷、大风堡观景台、蛇岛、猴岛、孔雀园、鹿苑、鸵鸟园、油草河森林浴场、自生桥、靶场、洋洞森林浴场等。

④停车场、公厕。岩口、黄水、万胜坝等三个综合管理区及大风堡森林游乐园等设有主要大型停车场，每处占地约1200 m^2；在三处主大门附近设有门区停车场，每处占地300 m^2；在七处景区大门附近设有门区停车场，每处占地200 m^2；在麻坪接待中心、大坪接待中心、土家山寨、灵山佛庙、灵山佛乡村俱乐部、灵山佛乡村跑马场、黄连苦园、大风堡观景台、洋洞客栈各设有一处停车场，每处占地200 m^2。

公园所有厕所参照城市旅游厕所相关技术标准，采用水冲式厕所并配有专人管理，每天冲洗，公共厕所人均指标20 m^2/千人，分布结合游览路线及人体生理学特征，相隔间距500～1000 m，建筑形式小巧玲珑，并与附近的景色相协调。公园旅游服务站、森林浴场、森林游乐园以及部分景点公共厕所共计30座。

通过实地调查结合游客的问卷分析，对上述主要旅游设施承载力进行测算：

旅游者用餐方式分为四种：一是旅游者自带食品；二是在景区内餐厅用餐；三是在景区内商店购买食品；四是到景区外用餐。比例分别为11.88%、36.44%、4.16%和47.52%。计算黄水国家森林公园景区餐饮设施的承载力旅游旺季大约为4800/36.44%＝13172人/天，旅游淡季大约为6586人/天。

按每个购物商店的接待能力500人/天计算，大约有20%的旅游者参与购物活动，计算黄水国家森林公园景区购物设施的承载力旅游旺季大约为16×500÷20%=40000人/天，旅游淡季接待能力减半，游客购物率减半，大约为10000人/天。

按每个娱乐场所的接待能力1000人/天计算，大约有90%的旅游者参与娱乐活动，计算黄水国家森林公园景区娱乐设施的承载力旅游旺季大约为16×1000÷90%=17778人/天。旅游淡季接待能力减半，游客参与率缩减1/3，大约为13333人/天。

5.3.5 森林公园社会环境承载力测算

旅游是一种不同文化背景中人与人之间的接触和交流活动，这种文化背景差异的大小，既决定了旅游地对旅游者吸引力的强弱，也决定了旅游者与当地居民之间相互影响、相互接纳的程度。同时，作为一种建立在社会价值观、文化传统、宗教信仰、生活方式等社会规范基础上的旅游活动强度阈值，社会环境承载力不仅取决于旅游者和当地居民的心理承载力，也与旅游地管理者的管理水平密切相关。

(1) 黄水国家森林公园管理水平承载力测算。一个旅游地的环境承载力与该旅游地管理者的管理水平有很大的关系。在现实中，因管理者的环境管理目标或管理能力的不同而导致旅游环境承载力存在很大差异的现象非常普遍。

随着时间的推移和旅游地生命周期的演进，旅游地所处的旅游发展阶段、社会经济状况、当地居民与旅游者的相互接触程度等都会发生变化，旅游地环境承载力管理工作的侧重点和管理目标自然会随之变化调整。所以，作为旅游环境承载力的重要组成部分，管理水平承载力总是处于不断变化之中。例如，在旅游开发初期，旅游地环境承载力管理的首要任务是加大投入，使景区、景点和其他旅游服务设施达到必要的规模；而在开发的中后期，管理工作的重点则是加强旅游资源和生态环境的维护与管理。旅游环境承载力管理工作也随着旅游季节的变化而变化。在旅游旺季，旅游者的大量涌入会使旅游地的旅游供给能力不足，引起环境承载力的严重超载，超出旅游地的最高门槛人数，这时旅游地管理者的主要任务是采取措施限制旅游需求，或对旅游者进行时空分流；但在旅游淡季，由于旅游者人数的骤减将使旅游地的旅游供给能力过剩，旅游环境承载力处于弱载状态，低于旅游开发的最低门槛人数，导致大量旅游服务设施闲置，这时管理者旅游环境承载力管理的主要任务是采取措施扩大旅游需求，提高旅游经济效益。

旅游地对旅游者的管理除了运用有关制度、法规对旅游者进行直接、硬性管理外，主要是通过各种媒体和宣传渠道进行的间接管理以及旅游地员工对旅游者进行的引导式管理，这种管理方式比较松散。此外，旅游地管理者还需要对下属员工进行管理，因此，旅游地管理者存在着对旅游者和员工两个方面的管理幅度问题。管理幅度的大小受管理者的管理水平、管理者的数量、旅游者和员工的素质等因素的影响[145]。通过对影响旅游地管理者管理幅度因素的问卷调查，可以获得旅游地管理者的平均管理幅度，从而可以进行管理者管理水平承载力的测量。测算模型为：

$$C_{12}=K_1\times A_1+K_2\times A_2 \tag{5.13}$$

式中，C_{12}表示旅游地管理者管理水平承载力；K_1 表示旅游地正式管理者的数量（人）；K_2 表示旅游地临时管理者的数量（人）；A_1 表示每位正式管理者的平均管理幅度（人）；A_2 表示每位临时管理者的平均管理幅度（人）。

据调查，目前黄水国家森林公园主要景区管理人员数量分布为大风堡景区 35 人，毕兹卡绿宫 12 人，药用植物园 6 人，油草河 3 人，千野草场 10 人，万胜坝景区 25 人，洋洞景区 24 人，生态保护区 19 人，综合管理区 21 人，一般无临时工。主要的已建和在建管理设施如下：黄水综合管理区森林公园管理处，建筑面积 2000 m^2，包括办公室、会议室、职工宿舍、食堂等；岩口综合管理区建森林公园办事处，负责千野草场景区和灵山佛景区的管理和服务，建筑面积 800 m^2，包括办公室、职工宿舍等；西沱镇建西沱管理站，负责西沱生态保护区景点开发和建设，建筑面积 500 m^2，包括办公室、职工宿舍等；油草河大桥油草河景区管理站，负责景区的管理和服务，建筑面积 500 m^2，包括办公室、职工宿舍等；万胜坝综合管理区万胜坝景区管理站，负责景区的管理和服务，建筑面积 500 m^2，包括办公室、职工宿舍等；洋洞景区洋洞景区管理站，负责景区的管理和服务，建筑面积 500 m^2，包括办公室、职工宿舍等。

按照正式管理者的管理幅度为 100 名旅游者/1 个正式管理者的标准[146]。计算黄水国家森林公园景区管理水平承载力为 14500 人/天。

（2）黄水国家森林公园当地居民心理承载力测算。当地居民的心理承载力与旅游地和居民生活区的距离有关。旅游地和居民生活区的距离存在两种情况，一是旅游地远离当地居民的生活区，在这种情况下当地居民心理承载力通常很大；二是旅游地离居民生活区很近，这时当地居民的心理承载力对旅游者的满意度和当地旅游业的发展极为重要，成为当地旅游环境承载力的重要影响因素，其原因在于旅游者选择旅游目的地，常把当地居民对旅游者的态度作为一个重要的参考因素。从这个角度来讲，当地居民的心理承载力是旅游地一种非常重要的旅游供给。

当地居民的心理承载力还与当地的文化背景和居民素质有关，与当地经济发展水平及旅游业对当地经济的贡献程度等因素有关。旅游活动是一种社会交换活动，旅游者的到来为当地居民带来了可观的旅游收入和大量的就业机会，使当地居民从发展旅游业中受益。但旅游者的到来同时也造成了交通拥挤、当地居民的生存空间相对缩小等负面影响，干扰了当地居民的正常生活。

实际上，当地居民的心理承载力是随着其旅游总效用的变化而动态变化的。当到来的旅游者人数适量时，旅游活动给当地居民带来的利益往往大于它们给当地居民带来的损害，即当地居民从旅游者那里获得的总效用为正值，这时当地居民通常对旅游业持支持态度，他们的心理承载力较强，能忍受的旅游活动强度较大。当旅游者及其活动给当地居民造成的不便或负面影响开始超过他们给当地居民带来的收益时，即当地居民从旅游者那里得到的总效用为负值时，当地居民对旅游者的态度会发生相应转变，从热情、友好转化为不满甚至仇视，他们能忍受旅游活动的强度阈值也大大降低。

即使在同一时期和同一旅游地，不同居民从旅游业发展中的获益程度不尽相同。根据社会交换理论，从旅游活动中获益较大的当地居民，他们对旅游业一般都表现为积极的影响感知，对旅游活动的心理承载力较大；而从旅游活动中不获益、获益较少或获益下降的当地居民，他们对旅游业通常表现为消极的影响感知，所能容忍的旅游活动强度也较低。由于当地居民从旅游业中的获益情况会随着时间的延续、季节的变化而变化，因此他们的心理承载力是一个非常不稳定的量数。

当地居民的心理承载力是一个易变的情感范畴的测量指标，可以用当地居民对旅游活动不产生反感时旅游者密度最大值或极限值来反映，该最大值需要通过问卷调查获得。测算模型为：

$$C_{13} = N \times \alpha \tag{5.14}$$

式中，C_{13}表示当地居民的心理承载力；N 表示旅游地居民生活区面积（公顷）；α 表示当地居民对旅游活动不产生反感时的旅游者密度最大值（人/公顷）。

通常情况下，如果居民生活区与旅游地合二为一，α 值一般较大，即当地居民对旅游者密度的承受值较大；如果居民生活区与旅游地基本分离但作为其依托地，α 值一般较小，即当地居民对旅游者密度的承受值较小；若旅游地与居民生活区不相关，则 α 值可视为无穷大。

作为石柱县的主导产业和支柱产业，旅游业已经成为当地国民经济的主要增长点。黄水国家森林公园作为石柱县旅游业的一个重要组成部分，对石柱县旅游业的发展有着重要影响。黄水国家森林公园当地居民心理承载力测算使用问卷调查结合实地走访的方式获得当地居民对发展旅游业的态度。在对当地居民进行旅游感知调查时，充分地考虑居民生活区的地理位置、交通条件、当地居民从旅游业的获益程度以及居民受教育程度等因素。基于以上考虑，选取石柱县城中心居民和石柱县黄水镇居民作为调查对象。县中心繁华地段的自然环境和人文环境在整个石柱地区属于中等偏上水平，环境优良，社区文化活动较为丰富。这里居民的文化程度和收入水平在整个石柱地区相对较高，虽然他们有相当数量不直接从事旅游经营或服务活动，但对石柱地区旅游环境的认识比较客观、公正，对石柱旅游业的发展较为关注。石柱县黄水镇是距离黄水国家森林公园景区最近的居民生活区，也是受景区旅游活动影响最直接、最明显的地区之一，许多居民直接从事旅游经营或服务活动，他们对旅游业的感知更具真实性、可靠性和代表性。本书以石柱县城中心作为石柱县居民心理承载力的背景值，以石柱县黄水镇作为景区附近居民心理承载力的背景值，分析当地居民的心理承载力。向这两个居民区各发放 200 份问卷进行调查，共收回有效问卷 350 份，问卷总回收率为 87.5%，其中石柱县黄水镇收回有效问卷 180 份，石柱县城中心收回有效问卷 170 份。从“当地居民的受教育程度”、“当地居民对到访旅游者数量的要求”、“当地居民的环保意识”等方面，对黄水国家森林公园的当地居民心理承载力进行测算。

当地居民的受教育程度对其心理承载力有较大影响。通过对居民受教育程度的问卷调查可以看出，石柱县黄水镇居民的受教育程度以小学和初中为主，受教育程度较低；石柱县城中心居民不少都受过高中甚至大学教育，受教育程度较高。

旅游者数量的多少不仅关系到旅游者的旅游体验质量，也会对当地的生态环境和居民的生活质量产生较大影响。通过对两地居民关于旅游者数量问题的问卷调查可知，有63.27%的居民赞同“旅游者有一定的数量，但不宜过多”，29.11%的居民赞同“旅游者数量越多越好”，只有7.62%的居民认为“旅游者越少越好”。这说明绝大多数当地居民希望旅游业的规模或强度应该保持在一个适度的范围内。

在问及“看见有人破坏旅游环境时，您会如何?”这一问题时，大约77.44%的居民会采取“亲自制止”或“向有关部门举报”的行动，“认为不对但并不制止”的居民占15%，有7.56%的居民采取“无所谓”的态度。这说明当地居民对旅游资源和生态环境的保护意识较强，普遍关心环境保护问题。

通过问卷调查得知，约有99%的石柱县黄水镇居民对发展旅游业持“支持”或“比较支持”的态度，“不支持”和“反对”的仅占1%。绝大多数黄水镇居民认为旅游业发展拓宽了就业渠道，增加了收入，提高了生活水平，改善了交通、市政等基础设施条件，美化了城市环境，使他们得到很多实惠。同时，由于黄水国家森林公园景区大力发展依托生态旅游的黄连种植和商贸产业，景区的开发及其开展的旅游活动反而对他们的生产带来很多外部正效应；当问及石柱县城中心居民“是否支持旅游业发展”时，有90%的居民“支持”或“比较支持”，有10%的居民“不支持”或“反对”发展旅游业。有少数居民认为过多旅游者的到来给他们的工作、生活带来了不便，还导致了物价的上涨。

从问卷调查及相关统计分析可以看出，石柱县城中心居民和石柱县黄水镇居民绝大部分都支持大力发展旅游业。根据社会交换理论，当居民从旅游业获益时，他们对旅游业表现出积极的影响感知，居民对旅游及其相关活动的承受能力较强。可以得出结论：黄水国家森林公园附近的居民对旅游活动的心理承载力较大，不是景区旅游环境承载力的限制性因子。

(3) 黄水国家森林公园旅游者心理承载力测算。旅游者的个性特征和行为方式因人而异，其旅游动机也十分复杂，不仅包括生理动机、心理动机、社会动机、经济动机等各个方面，而且还会受到时间和情感因素的影响，其中情感因素还会因他们从旅游活动中获益或受损程度的变化而被强化或弱化[147]。因此，旅游者心理承载力的弹性变化较大。

旅游者进行旅游活动时，对环绕在自己周围的空间有一定的要求，旅游活动类型对个人空间大小的要求影响较大。另外，不同类型旅游者对空间环境的要求不同，有的旅游者喜欢宁静的环境氛围，对拥挤情况的敏感程度较高，心理承载力较低；有的旅游者喜欢较为热闹甚至拥挤的环境氛围，以体验一下群体活动的感觉，他们对拥挤情况的敏感度较低，心理承载力大。

旅游者的心理承载力还与旅游者的性格特点有关，不同性格的旅游者，其心理承载力的变化情况不同。旅游者一般可分为内向型和外向型两种，随着时间的推移，一个旅游地可能会发展得较为完善，变得高度商业化或过度拥挤，失去了自己原有的特色和真实的自然魅力，在这种情况下，外向型、富于冒险的旅游者就会转而移向环境压力较小的其他旅游地，显现出其心理承载力较低的一面；而内向型、不喜欢冒险的旅游者往往喜欢守在发展较为完善的旅游地，显现出其心理承载力较高的一面[148]。不论旅游者的旅游动机、旅游活动类型和性格特点如何，只要当旅游者的个人空间的减少超过某个极限值时，就会影响旅游者的旅游审美感知，降低旅游者的满意度和心理承载力。

由于影响旅游者个人空间的因素复杂多样，多数情况下难以获得让每一位旅游者都满意的个人空间值（即基本空间标准），对此，Kreg Lindberg，Stephen McCool，George Stankey 进行了大量的实证研究，并得出：当旅游者心理承载力约为旅游地资源空间承载力的 2/3 时，绝大多数旅游者感到满意[149]。可见，旅游者心理承载力与旅游者满意度密切相关。

旅游者满意度涉及期望、质量感知、价值感知、抱怨或投诉、忠诚等变量，即：旅游者满意度＝f（期望、质量感知、价值感知、抱怨或投诉、忠诚）。期望是旅游者在购买和使用旅游产品或服务之前对其质量的估计，符合或超过旅游者期望的旅游产品或服务，旅游者就倾向于满意或比较满意；质量感知是旅游者购买和使用旅游产品或服务之后对其质量的实际感受；价值感知是旅游者在体验了旅游地提供的综合产品或服务之后对自己所得利益的主观感受。此外，旅游者抱怨或投诉得到妥善处理，也会实现旅游者满意。旅游者的满意将形成一条旅游产品或服务的情感线，从而创造高度的忠诚和良好的旅游地品牌，这有助于提升旅游者心理承载力。

因此，提高旅游者满意度是旅游者心理承载力研究中的一项关键工作。在高强度旅游地，旅游者满意度的变化规律是：随着旅游者人数的增加，旅游者满意度一般呈下降趋势。在实际测量中，旅游者满意度可以通过对旅游者视觉、听觉、触觉和行动四个方面的随机问卷调查得出，见表 5.15。

表 5.15　旅游者满意度的问卷调查

旅游者满意度测量	权　重
1. 在视觉上对旅游者数量的感觉	λ_1
2. 在听觉上对旅游者数量的感觉（对噪声的反映）	λ_2
3. 在触觉上对旅游者数量的感觉（对相互间摩擦的反映）	λ_3
4. 在行动上对旅游者数量的感觉（相互间阻挡）	λ_4

对旅游者心理承载力的动态测量可采用 Kreg Lindberg，Stephen McCool，George Stankey 的研究成果，即旅游者心理承载力约为旅游地资源空间承载力的 2/3，这时大多数旅游者对旅游地此时的旅游活动量表示满意。相应的旅游者心理承载力测算模型为：

$$C_{14} = \frac{E}{e} \times \frac{T}{t} \times \frac{2}{3} \tag{5.15}$$

式中，C_{14}表示旅游者心理承载力；E 表示资源的空间规模（m^2）；e 表示基本空间标准（m^2/人）；T 表示旅游地日开放时间（小时/日）；t 表示旅游者人均每次游览时间（小时）。

经测算，黄水国家森林公园的旅游者心理承载力在旅游旺季约为 $546250 \times \frac{2}{3} = 364167$ 人/天，在旅游平、淡季约为 $352962 \times \frac{2}{3} = 235308$ 人/天。

另一种测算方法是通过问卷调查的方式测量旅游者的满意度，取得旅游者在视觉、听觉、触觉和行动四个方面的有关数据；通过对数据进行归一化处理，得到旅游者对这四个方面满意度的判断矩阵 R；运用动态改进层次分析法（ADIHP）确定影响旅游者满意度四个方面的权重 A，从而计算出旅游者满意度。旅游者最佳满意度所对应的旅游活动强度，就是旅游者心理承载力的合理量值。采用这种方法的旅游者心理承载力动态测算模型为：

$$C_{14} = A \times R \tag{5.16}$$

式中，C_{14}表示旅游者满意度或心理承载力；A 表示影响旅游者满意度的视觉、听觉、触觉和行动四因素的权重；R 表示影响旅游者满意度的判断矩阵。

从旅游者满意度的角度看，旅游者最佳满意度所对应的旅游活动强度，就是旅游者心理承载力的合理量值。旅游者满意度的测量需要采用问卷调查的方式，为取得旅游者满意度方面的有关数据，选择在不同季节先后两次对黄水国家森林公园进行相关调查，共发放调查问卷 550 份，收回有效问卷 500 份，问卷回收率 90.91%。在旅游者问卷调查中，涉及的问题包括“旅游者到访的原因”、“旅游者在旅游过程中最担心的问题”、“旅游者对黄水国家森林公园景区旅游环境的评价”等方面的内容。

在问及景区吸引旅游者到来的原因时，旅游者选择“自然风景好”及“人文内涵与土家民族风俗”的高达 97.6%（见图 5.2）。这与黄水国家森林公园的特性和石柱土家族少数民族聚集地的特征有密切的关系。在问及“旅游者在旅游过程中最担心的问题”时，旅游者对“价格欺诈”、“住宿问题”、“安全问题”关注很高，同时也从侧面再次反映出对森林公园环境的满意度（见图 5.3）。

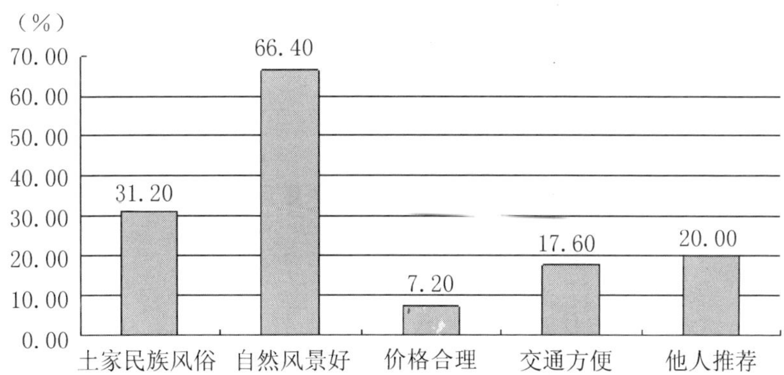

图 5.2 游客到访原因统计

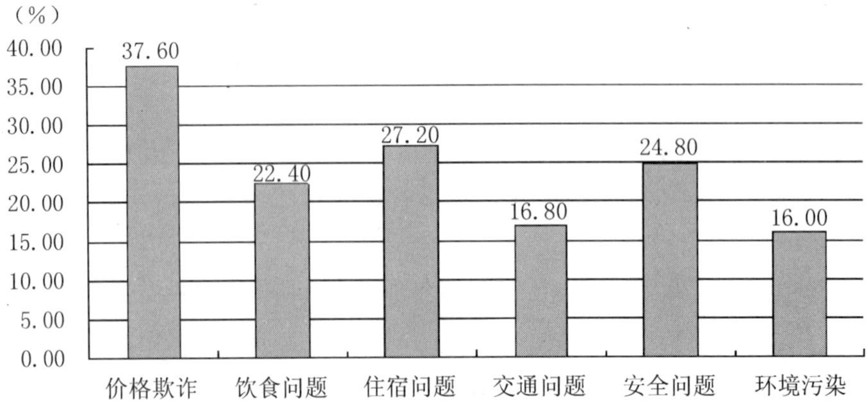

图 5.3 游客主要担心问题统计

在问及旅游者“对石柱黄水国家森林公园景区旅游环境质量的评价”时，有超过52%的旅游者对石柱黄水国家森林公园景区的旅游环境质量表示肯定（见图5.4）。优美的自然环境和良好的人文环境是吸引旅游者来石柱黄水国家森林公园景区观光旅游的重要因素之一。

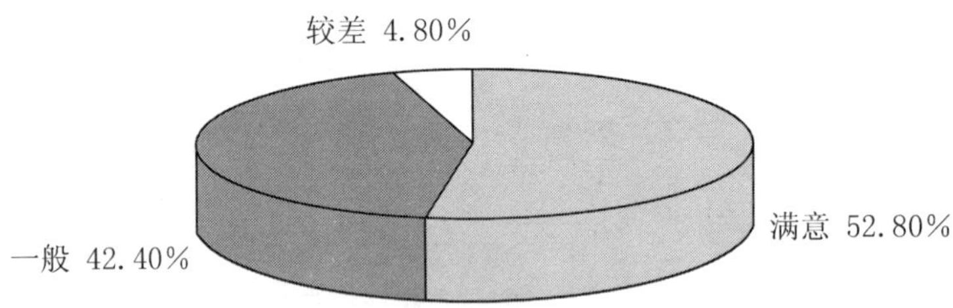

图 5.4 游客旅游环境质量反馈

对旅游者进行满意度调查还涉及视觉、听觉、触觉、行动四个方面的问题，通过问卷调查获得旅游者在这四个方面的相关数据，并对数据进行适当处理，见表5.16。

表 5.16 游客满意度调查

感 官	选 项	游客选择比例（%）	权 重
1. 视觉	A. 游客人数比较少，观看风景时视觉无阻挡	65.60	λ_1
	B. 游客人数一般，观看风景时视觉偶尔有阻碍	3.60	
	C. 游客较多，观看风景时视觉经常受到阻碍	0.80	
	D. 拥挤不堪，完全没法观赏	0	
2. 听觉	A. 游客人数比较少，很安静	79.20	λ_2
	B. 游客人数一般，有点吵	18.40	
	C. 游客较多，比较吵	2.40	
	D. 拥挤不堪，相当嘈杂	0	
3. 触觉	A. 游客人数比较少，很少与其他游客身体接触	75.00	λ_3
	B. 游客人数一般，有时会与他人发生身体接触	24.00	
	C. 游客较多，常接触	0.80	
	D. 拥挤不堪，老是碰到其他人	0	
4. 行动	A. 游客人数比较少，行动无阻碍	72.80	λ_4
	B. 游客人数一般，偶尔遇到阻碍	26.40	
	C. 游客较多，行动不便	0.80	
	D. 拥挤不堪，处处受阻	0	

运用动态改进层次分析法（ADIHP）确定视觉、听觉、触觉、行动四个方面的权重。

根据旅游环境承载力测算要达到的目标和涉及的因素，先将复杂问题分解成不同层次，以同一层次的要素作为准则，对下一层的某些要素起支配作用，同时它又受上一层要素的支配。对于上一层指标而言，在其下一层上所有与它关联的因素中依次两两比较二者的重要性，按“重要”、“同等重要”和“不重要”，分别用“2”、“1”和“0”三种数值标度定量表示。根据比较获得的量化取值，构造一个“三标度”比较矩阵 $(f_{ij})_{n\times n}$ ，见表 5.17。

表 5.17　三标度比较矩阵

	视觉	听觉	触觉	行动
视觉	1	2	2	2
听觉	0	1	2	0
触觉	0	0	1	0
行动	0	2	2	1

三标度比较判断矩阵并不能准确反映出各因素在某种准则下的相对重要性程度，因此必须将其变换成具有层次分析法特点和性质的判断矩阵，该判断矩阵称为 ADIHP 间接判断矩阵。利用“三标度”比较矩阵 $(f_{ij})_{n\times n}$ ，计算各因素重要性排序指数 $r_i = \sum_{j=1}^{n} f_{ij}$ ，分别求出最大排序指数 $r_{max} = max\{r_i\}$ 和最小排序指数 $r_{min} = min\{r_i\}$ 。A_{max}表示最大排序指数 r_{max}对应的指标，A_{min}表示最小排序数 r_{min}对应的指标，用 b_m 表示.A_{max}与 A_{min}对应的指标在比较时按某种标度给的重要性程度，计算出各元素间的相对重要性程度，从而得到间接判断矩阵 $B = (b_{ij})_{n\times n}$ ，见表 5.18、表 5.19。

表 5.18　指标相对重要度

	视觉	听觉	触觉	行动
视觉	1	2	2	2
听觉	0	1	2	0
触觉	0	0	1	0
行动	0	2	2	1

表 5.19　间接比较矩阵

	视觉	听觉	触觉	行动
视觉	1	3	4	2
听觉	1/3	1	2	1/2

续表

	视觉	听觉	触觉	行动
触觉	1/4	1/2	1	1/3
行动	1/2	2	3	1

计算矩阵 $(b_{ij})_{n\times n}$ 中各行元素的积 $M_i=\prod_{j=1}^{n}(b_{ij})$。计算 M_i 的 n 次方根 $\beta_i=(M_i)^{\frac{1}{n}}$，得到向量 $Q=(\beta_1,\beta_2,\cdots,\beta_n)^T$，对向量 Q 进行归一化处理，得到特征向量，即影响旅游者满意度的视觉、听觉、触觉和行动四因素的权重向量 λ_i。通过计算可以得到 $\lambda_1=0.46$，$\lambda_2=0.16$，$\lambda_3=0.10$，$\lambda_4=0.28$。

最终，对旅游者感知数据构成的矩阵为 R，进行满意度的测算：

$$C=\lambda\times R=(0.46\quad 0.16\quad 0.10\quad 0.28)\times\begin{pmatrix}0.656 & 0.336 & 0.008 & 0\\0.792 & 0.184 & 0.024 & 0\\0.75 & 0.24 & 0.008 & 0\\0.728 & 0.264 & 0.008 & 0\end{pmatrix}$$

$$=(0.7073\quad 0.2819\quad 0.0149\quad 0)$$

可以得出景区内“人数少”的旅游者占 70.73%，认为景区内“人数一般”的旅游者占 28.19%，认为景区内“人数较多”的旅游者占 1.49%，认为景区内“人数拥挤不堪”的旅游者大致为 0，与实际问卷调查结论相符。可以得出结论：黄水国家森林公园的旅游者心理承载力较高。

5.3.6 森林公园旅游环境承载力综合测算

不同季节或时期，旅游环境承载力各限制性因素的重要程度会发生改变。由于黄水国家森林公园具有明显的季节性，对其旅游环境承载力各限制性指标权重的确定，应分为旅游旺季和旅游平、淡季分别进行权重计算。在专家打分结合游客问卷分析偏好的基础上，采用动态改进层次分析法（DAIHP），计算旅游旺季和旅游平、淡季不同层次指标体系的权重。结合该景区旅游环境承载力限制性指标，采用多目标线性加权法，确定黄水国家森林公园旅游环境承载力综合值，见表 5.20～表 5.31。

表 5.20　黄水国家森林公园旅游环境承载力限制性指标

	一级指标	二级指标
限制性因子指标体系 C	自然环境类指标 C_1	污染物处理能力 C_{11}
		旅游资源空间承载力 C_{12}
	经济环境类指标 C_2	交通基础设施承载力 C_{21}
		住宿基础设施承载力 C_{22}
		餐饮基础设施承载力 C_{23}
		购物基础设施承载力 C_{24}
		娱乐基础设施承载力 C_{25}
	社会环境类指标 C_3	园区管理水平能力 C_{31}
		旅游者心理承载力 C_{32}

表 5.21　旅游旺季 C/C_i 层层次的权重

	C_1	C_2	C_3
C_1	1	2	0
C_2	0	1	0
C_3	2	2	1

	C_1	C_2	C_3	权重 λ
C_1	1	3/2	2/3	0.319
C_2	2/3	1	1/2	0.221
C_3	3/2	2	1	0.460

表 5.22　旅游旺季 C_1/C_{1j} 层层次的权重

	C_{11}	C_{12}
C_{11}	1	0
C_{12}	2	1

	C_{11}	C_{12}	权重 λ
C_{11}	1	1/2	0.333
C_{12}	2	1	0.667

表 5.23　旅游旺季 C_2/C_{2j} 层层次的权重

	C_{21}	C_{22}	C_{23}	C_{24}	C_{25}
C_{21}	1	2	2	2	2
C_{22}	0	1	2	2	2
C_{23}	0	0	1	2	0
C_{24}	0	0	0	1	0
C_{25}	0	0	2	2	1

	C_{21}	C_{22}	C_{23}	C_{24}	C_{25}	权重 λ
C_{21}	1	2	4	5	3	0.417
C_{22}	1/2	1	3	4	2	0.263
C_{23}	1/4	1/3	1	2	1/2	0.097
C_{24}	1/5	1/4	1/2	1	1/3	0.062
C_{25}	1/3	1/2	3	2	1	0.161

表 5.24 旅游旺季 C_3/C_{3j} 层层次的权重

	C_{31}	C_{32}		C_{31}	C_{32}	权重 λ
C_{31}	1	0	C_{31}	1	1/2	0.333
C_{32}	2	1	C_{32}	2	1	0.667

表 5.25 旺季旅游环境承载力权重

	C_1	C_2	C_3	综合权重 λ
	0.319	0.221	0.460	
C_{11}	0.333			0.106
C_{12}	0.667			0.213
C_{21}		0.417		0.092
C_{22}		0.263		0.058
C_{23}		0.097		0.021
C_{24}		0.062		0.014
C_{25}		0.161		0.036
C_{31}			0.333	0.153
C_{32}			0.667	0.307

表 5.26 旅游平、淡季 C/C_i 层层次的权重

	C_1	C_2	C_3		C_1	C_2	C_3	权重 λ
C_1	1	0	0	C_1	1	2/3	1/2	0.221
C_2	2	1	0	C_2	3/2	1	2/3	0.319
C_3	2	2	1	C_3	3/3	2/3	1	0.460

表 5.27 旅游平、淡季 C_1/C_{1j} 层层次的权重

	C_{11}	C_{12}		C_{11}	C_{12}	权重 λ
C_{11}	1	0	C_{11}	1	1/2	0.333
C_{12}	2	1	C_{12}	2	1	0.667

表 5.28　旅游平、淡季 C_2/C_{2j} 层层次的权重

	C_{21}	C_{22}	C_{23}	C_{24}	C_{25}			C_{21}	C_{22}	C_{23}	C_{24}	C_{25}	权重 λ
C_{21}	1	2	2	2	2		C_{21}	1	2	4	5	3	0.417
C_{22}	0	1	2	2	2		C_{22}	1/2	1	3	4	2	0.263
C_{23}	0	0	1	2	0		C_{23}	1/4	1/3	1	2	1/2	0.097
C_{24}	0	0	0	1	0		C_{24}	1/5	1/4	1/2	1	1/3	0.062
C_{25}	0	0	2	2	1		C_{25}	1/3	1/2	3	2	1	0.161

表 5.29　旅游平、淡季 C_3/C_{3j} 层层次的权重

	C_{31}	C_{32}			C_{31}	C_{32}	权重 λ
C_{31}	1	0		C_{31}	1	1/2	0.333
C_{32}	2	1		C_{32}	2	1	0.667

表 5.30　平、淡季旅游环境承载力权重

	C_1	C_2	C_3	综合权重 λ
	0.221	0.319	0.460	
C_{11}	0.333			0.074
C_{12}	0.667			0.147
C_{21}		0.417		0.133
C_{22}		0.263		0.084
C_{23}		0.097		0.031
C_{24}		0.062		0.020
C_{25}		0.161		0.051
C_{31}			0.333	0.153
C_{32}			0.667	0.307

表 5.31　旅游环境承载力的综合测算值

	旅游旺季综合旅游环境承载力			旅游平、淡季综合旅游环境承载力		
	单项承载力测算值	权重	修正后的单项承载力测算值	单项承载力测算值	权重	修正后的单项承载力测算值
C_{11}	23833	0.106	2526.30	11917	0.074	881.86
C_{12}	546250	0.213	116351.30	352962	0.147	51885.41
C_{21}	4071	0.092	374.53	2036	0.133	270.79
C_{22}	4489	0.058	260.36	1760	0.084	147.84
C_{23}	13172	0.021	276.62	6586	0.031	204.17
C_{24}	40000	0.014	560.00	10000	0.020	200.00
C_{25}	17778	0.036	640.01	13333	0.051	679.98
C_{31}	14500	0.153	2218.50	14500	0.153	2218.50
C_{32}	364167	0.307	111799.30	235308	0.307	72239.56
合计	旅游旺季综合旅游环境承载力为235007人/天			旅游平、淡季综合旅游环境承载力为128728人/天		

5.4　本章小结

（1）考虑旅游景区的季节波动、旅游地社会文化背景、旅游者行为等因素对旅游环境承载力的影响，对森林公园旅游环境承载力模型中的生态环境承载力、资源空间承载力、基础设施承载力、旅游服务设施承载力、管理水平承载力、当地居民心理承载力、旅游者心理承载力等各单项承载力进行模型构建，为黄水国家森林公园旅游环境承载力评估提供了可以操作的方法与途径。

（2）结合黄水国家森林公园实际情况筛选出对旅游环境承载力构成约束的限制性因素，使用动态改进层次分析法确定各因素之间的关系和权重，最终测算出黄水国家森林公园的综合旅游环境承载力。

（3）在进行具体测算时，对旅游地的环境状况、旅游者和当地居民的基本信息进行跟踪调查，通过问卷调查、现场监测和实地考察、记录等方式取得相关数据和参数，以确保森林公园旅游环境承载力测算的准确性和真实性。

（4）测算结果显示：黄水国家森林公园旅游旺季综合旅游环境承载力为235007 人/天，旅游平、淡季综合旅游环境承载力为 128728 人/天。

6　重庆黄水国家森林公园环境价值计量分析

作为森林公园，其环境价值主要体现在景点的游憩价值和森林的生态价值上。测算森林公园的游憩价值使用第 4 章介绍的环境价值计量技术进行分析，而黄水国家森林公园的生态价值可依据第 5 章中的自然环境承载力结果进行评估。

6.1　森林公园的生态价值

黄水国家森林公园地处长江三峡库区，在重庆地区乃至全国生态环境建设中占有重要地位。园内现有的动植物资源得到良好的保护，同时经采用科学的风景林营造与经营技术，公园的森林覆盖率不断提高，林种、树种结构日趋合理，森林公园及其周边的森林生态系统稳定性很强，对维护生态平衡的效益十分巨大。主要生态效益分析如下：

6.1.1　水源涵养效益

据有关森林生态专家研究表明，大片森林对地面降水可进行三次分配。根据实地测定，林区内每 hm^2 森林可蓄水 30 m^3。黄水国家森林公园现有森林面积 28000.0 hm^2，则公园每年可涵养贮水量 8.4×10^5 m^3，是一座天然的绿色水库。这些水源为公园及其周边地区居民生活、生产用水和调节各溪河的水质、水量提供重要保证。假如公园森林所蓄水量用于生产、生活用水，按一般水价 2 元/m^3 补偿水价 0.6 元/m^3 计，公园每年森林的涵养水源效益为 2.2×10^6 元。

6.1.2 释放氧气、固碳功能效益

森林是空气中二氧化碳的主要消耗者和氧气的制造者。1 hm^2 郁闭度 0.8 以上的森林，每年可释放 O_2 266.45 t，吸收 CO_2 约 360 t。黄水国家森林公园现有森林面积 28000.0 hm^2，郁闭度 0.8 以上的森林面积约 19600.0 hm^2，年可释放 O_2 5.22×10^6 t，吸收 CO_2 7.06×10^6 t。如按生产氧气和碳交易（或固碳）分别按 500 元/t 和 130 元/t（1000 元/t）计算，则森林公园每年此项价值至少可达 3.53×10^9 元。

6.1.3 净化大气功能效益

森林植物的各种器官特别是叶、花、根能分泌出一些挥发性物质如萜烯、有机酸、醚、醛、酮等，这些物质能杀死原生动物、细菌和真菌，森林上空的空气细菌含量要比城市上空的空气少携带 37 种杆菌、26 种球状菌、7 种芽生菌，起到净化空气的功效；森林植物对尘埃有阻挡、过滤、吸附的作用；森林能吸毒，能吸收二氧化硫、氟化物等有毒气体。据有关测定资料，森林每年 1 hm^2可散发 50 kg 植物杀菌素，可吸尘 68 t，1 hm^2 可节省除尘费用为 80.7 元，可吸收 SO_2 180 kg，1 hm^2 减少污染造成的费用损失为 99 元。据此计算，森林公园仅这两项合计就可达 5.03×10^6 元。

6.1.4 保健功能

森林里空气新鲜、含氧量高、细菌少、尘埃少、噪声小、空气负离子含量高、小气候宜人，某些森林植物能分泌有益于人体健康的物质，这就是森林疗养的功效所在。对森林公园保健效益的评价，可采用医院病床价值指标估算法。估算式为：

$$F = H\times P\times f/A \tag{6.1}$$

式中，F 表示森林公园卫生保健效益的经济评价指标（元/hm^2）；H 表示每张床每年使用价值；f 表示发病率指标（%）；P 表示每年到公园进行保健疗养的人次；A 表示公园森林面积（hm^2）。

假设每张床每天收费 20 元，发病率 0.2%，平均每年游客人数为 80 万人次，保健性住宿 1 天/人次，现有森林面积 28000.0 hm^2。计算结果大致为每年卫生保健效益为 417 元/hm^2。

6.2 森林公园的社会效益

6.2.1 增强全社会的环境保护意识

黄水国家森林公园物种资源丰富，自然环境优越，为社会各界旅游观光，为广大公众普及自然科学知识，为科研院校进行教学实习和科研考察等提供了理想的基地，同时还满足人们进行艺术创作、丰富文化生活的需求，激发人们热爱祖国、热爱自然的热情，树立高尚的生态文明观，促进两个文明的建设，并通过生态旅游活动不断强化人们的环境保护意识，使人们在发展经济的同时更加注重生态环境的保护。

6.2.2 有利于提高石柱县的知名度

旅游业是一个开放型的产业。黄水国家森林公园的建设和森林旅游业的发展，增大了本地区与外界的交流，为石柱县扩大对外开放创造了有利条件。石柱县各级政府通过森林公园这个窗口汇集广泛的信息流和物质流，极大地促进了对外交流，增加石柱县与其他地区和国际之间的交往与合作，为促进石柱县社会经济的持续快速地发展起到重要作用，进一步提高了石柱县在国内外的知名度。

6.2.3 拉动地域经济的综合发展

森林公园进一步促进生物资源多样性的形成，并为森林旅游开发和生物资源的合理利用提供物质基础。旅游业的发展促进了周边地区建设，增加了就业机会，促进了人力资源开发，提升了林区服务、商贸、土特产品生产、工艺品加工等行业发展，优化了区域社会环境和投资环境，调整了产业结构，带动了当地经济的综合发展，起到了“绿色产业”、“无烟工业”的作用。

6.2.4 促进周边群众脱贫致富

森林公园的森林旅游业是一种劳动密集型产业，森林旅游业的发展在吸纳和转移富余劳动力方面，为社会提供了大量的就业机会。据统计资料表明，森林旅游直接就业1人，就会给社会提供5人的就业机会。黄水国家森林公园直接安排500多人（合同工、临时工）的就业，减少了城镇待业青年和周围农村的剩余劳力及闲散人员，有利于地区的社会安定，有利于增加人民群众的经济收入，促进周边群众脱贫致富。

6.3 森林公园的游憩价值

6.3.1 黄水国家森林公园客源市场分析

（1）黄水国家森林公园客源现状。2005～2009年公园共接待游客从每年30万人次增加到每年70万人次（见表6.1），平均每人消费近300元，综合收入约2.1亿元。

表6.1 黄水国家森林公园游客规模

年份	游客总数（万人次）	增长率（%）
2005	30	—
2006	35	16.67
2007	40	14.29
2008	45	12.50
2009	70	55.56

从游客来源地看，历年游客旅游统计结果显示，2009年是黄水国家森林

公园旅游的一个转折点。2009 年 3 月高速公路通车前，游客主要来自本县、周边万州、忠县，其次是重庆主城，少量来自丰都县和利川市，基本无接待海外游客的情况，3 月高速公路通车后，主要客源地为重庆主城区，市场拓展至四川成都、南充一线和湖北利川、恩施一带，昆明、武汉、北京也有少量旅游者；从旅游形式看，主要以观光、度假、探险、休闲、避暑为主；从游客的年龄结构看，以 20～50 岁的人群为主；从游客的文化层次看，游客遍及各个文化层次，既有科学工作者，也有教师、学生及农村游客；从游客的时间季节分布看，旅游淡季一般为 10 月 10 日至次年 4 月 30 日，其余为旺季，其中 7 月、8 月为火爆季。

（2）公园客源基础分析。黄水国家森林公园作为重庆市国家级森林公园中面积最大、唯一的少数民族旅游风景区，不但为石柱和重庆市区居民提供了新型的、种类齐全的避暑、度假、观光游览和游乐场所，而且为重庆市乃至长江三峡地区的旅游业增添了一颗璀璨的明珠。目前森林公园客源及其流量主要由以下几个方面组成：

①本地及附近城镇居民客源流量。石柱县 2009 年末总人口 53.9 万人，城镇人口 7.4 万人。据调查，黄水国家森林公园附近居民每年约有 30 万人次到本森林公园旅游，这部分客源主要为本地及附近城镇青少年野游、探奇、中老年人度假、休养及附近机关企事业单位的集体旅游度假等。

②周边地区客源流量。黄水国家森林公园在交通辐射半径 300 km 范围内，有重庆市主城区、万州区、黔江区、丰都县、彭水县、涪陵区以及湖北省的利川市、恩施市、宜昌市等市（区）、县城镇。重庆市是我国面积最大、人口最多的直辖市，据 2008 年末统计，重庆市总人口 3257 万人，其中城镇人口 1419 万人，主城区人口 694 万人。除重庆主城区以外，其他周边邻近区域 2008 年末总人口达 300 多万人，其中城镇人口逾 150 万人，这是黄水国家森林公园的客源基础。若按 5%的城市居民到公园旅游每年可达 70 多万人，若按 0.5%的农业人口进入森林公园旅游，则每年可达 10 多万人，仅此两项合计游客即可达 80 多万人。

③流动人口客源量。黄水国家森林公园地处长江沿岸。公园内的西沱镇，是游客进入三峡旅游的必经之地，也是渝东南的主要出江口之一。每年途经此地的流动人口达 500 万～600 万人。这些流动人口有部分通过旅游广告宣传而

产生临时性旅游动机，预计这部分每年有20万～25万人被吸引到黄水国家森林公园中旅游。

④毗邻风景区分流客流量。公园周边及长江沿线分布有武隆仙女山、丰都鬼城、丰都龙河峡谷溶洞群、忠县石宝寨、奉节三国城、天坑地缝、巫溪大官山、大宁河小三峡、马渡河小小三峡、大昌古镇、梨子坪、万盛黑山谷、永川茶山竹海、湖北利川市藤龙洞等一批自然景观各异、人文风情各具特色的风景旅游区（点）。据统计，这些风景旅游区（点）每年共接待中外游客400万～500万人次。通过宣传、广告吸引周边及长江沿线分布的风景旅游区（点）分流到黄水国家森林公园的游客潜力是非常大的，预计这部分客源每年有30万～35万人次到黄水国家森林公园中旅游。

⑤国内外其他客源流量。黄水国家森林公园森林覆盖率达80%以上，是三峡库区最大最完整的植物基因库。年平均气温12.1℃，约比重庆市主城区低10℃，拥有“天然空调”、“自然氧吧”的美誉，非常适合避暑、休闲和疗养。公园独特的绿色生态、避暑气候对长江沿线各大“火炉城市”颇具吸引力。估计产生以上旅游动机的客源以及其他慕名而来的国内外散客每年约有5万人次到本公园游览。

综上所述，黄水国家森林公园稳定客源规模每年在80万～110万人次。客流稳定后客源的平均年增长率为2%～5%。

(3) 公园游客规模。游客增长率公式为：

$$S_i = S_{i-1} + S_{i-1} \times \delta$$

式中，S_i 表示年游人规模；S_{i-1} 表示上年游人规模；δ 表示年游人增长率。

6.3.2 黄水国家森林公园游客人口统计学特征及旅行特征

该项调查主要采用问卷的方式进行，问卷主要分两个部分：第一部分调查游客旅游基本信息；第二部分收集游客的人口统计学基本信息。问卷调查从2009年5月1日开始，截止到2009年10月底，历时5个月，共发放问卷1200份，收回有效问卷1000份，问卷总回收率为83.3%。

(1) 游客人口统计学特征。游客人口统计学特征包括性别构成、年龄结构、文化程度、职业和家庭收入等，见表6.2～表6.6。

①性别构成。

表 6.2 黄水国家森林公园游客性别

性 别	男	女	合 计
样本数	528	472	1000
比例（%）	52.8	47.2	100

②年龄结构。

表 6.3 黄水国家森林公园游客年龄结构

年龄结构	<18 岁	19～24 岁	25～34 岁	35～44 岁	45～54 岁	55～64 岁	>65 岁	合计
样本数	16	76	253	230	218	143	64	1000
比例（%）	1.6	7.6	25.4	23.0	21.8	14.2	6.4	100

③文化程度。有 904 名游客参与了此项调查。黄水国家森林公园游客的总体文化水平程度较高。

表 6.4 黄水国家森林公园游客文化程度

文化程度	大学专科	高中	初中	大学本科及以上	小学	合计
样本数	376	219	63	217	29	904
比例（%）	41.6	24.3	6.9	23.9	3.3	100

④游客职业。有 915 名游客参与了此项调查。游客中公务员和企事业单位员工比重较大，部分游客是陪同客户游玩，体现出森林公园景区的一种新的社会效益和经济效益。

表 6.5 黄水国家森林公园游客职业

职业	公务员	企业员工	事业单位员工	军人	工人	农民	商人	教师	学生	医务工作者	合计
样本数	176	288	152	11	60	20	67	39	82	20	915
比例（%）	19.2	31.4	16.6	1.1	6.8	2.2	7.4	4.4	8.9	2.2	100

⑤游客收入。游客收入放在问卷调查的最后一项，有 791 名游客参与了此项调查。

表 6.6 黄水国家森林公园游客家庭收入状况

游客家庭月收入（元）	＜2000	2000～3000	3000～5000	5000～10000	10000～15000	＞15000	合计
样本数	94	280	320	60	24	13	791
比例（%）	11.9	35.4	40.4	7.6	3.0	1.8	100

（2）游客旅行特征。游客旅行特征主要包括旅行目的、结伴方式、游览次数等，见表 6.7。

表 6.7 黄水国家森林公园游客旅行特征

旅行特征	选　项	样本数	比例（%）
旅行目的	休闲、放松、观光	834	83.4
	疗养度假一段时间	113	11.4
	探亲访友，顺路来转转	15	1.4
	工作原因（如出差、会议等等）	30	3.0
	其他原因	8	0.8
	合计	1000	100
结伴方式	单独	20	0.2
	结伴	980	99.8
	合计	1000	100
访问次数	从没来过	792	79.2
	一次	164	16.4
	两次	23	2.4
	三次	21	2
	合计	1000	100

6.3.3 黄水国家森林公园游憩价值分析

根据上一节统计的黄水国家森林公园游客人口统计学特征及旅行特征，由于考虑到黄水国家森林公园景点相对集中，游客客源较为单一，游客重游率低，故采用第 4 章介绍的 ZTCM 分区旅行费用模型分析游憩价值。

第 4 章介绍过，ZTCM 分区旅行费用模型为 $\frac{V_{hj}}{N_h}=f(P_{hj},SOC_h,SUB_h)$ 。

式中，V_{hj}表示根据抽样调查结果推算出的一定时间内从 h 区域到 j 旅游地旅游的总人数；N_h 表示 h 区域的总人口数；P_{hj}表示 h 区域游客到 j 旅游地的平均旅行成本；SOC_h 表示 h 区域的社会经济特征向量；SUB_h 表示 h 区域旅游者的替代旅游地的特征向量。因此准确使用 ZTCM 分区旅行费用模型分析景区游憩价值的关键在于：一是通过合理的问卷设计以收集了解函数的主要变量信息，如客源地、旅行费用、旅行时间、多目的地旅行和人口统计变量等；二是选择合理的 ZTCM 函数形式正确刻画客观问题并通过统计学检验。

（1）ZTCM 问卷设计与抽样调查。

①问卷设计。为解决 ZTCM 的客源地问题，问卷设计的第一个问题通过询问游客的居住地以明确出游小区。

为解决 ZTCM 的旅行费用问题，问卷设计问题如下："您此次来重庆黄水国家森林公园旅行：A. 通过旅行社组织，您交付旅行社总费用为______元。B. 自驾游，出发起点是：__________，一行共______人，总费用______元。C. 乘汽车来，出发起点是：__________，一行共______人，总费用______元。D. 乘火车来，出发起点是：__________，一行共______人，总费用______元。E. 乘飞机来，出发起点是：__________，一行共______人，总费用______元。"

为解决 ZTCM 的旅行时间和时间成本问题，问卷设计问题如下："您此次游玩的行程安排一共是____天____夜，其中路途时间是____天____夜，计划在重庆黄水国家森林公园游览时间____天。"

为解决 ZTCM 多目的地旅行问题，问卷设计问题如下："此次旅行，除了游玩重庆黄水国家森林公园，您还将去____旅游。"

ZTCM 的人口统计旅游特征变量问卷设计见表 6.2～表 6.7。

②抽样调查。问卷调查从 2009 年 5 月 1 日开始，截止到 2009 年 10 月底，

历时5个月，其间经历端午节1次、“五一”节1次，学生暑假1次，国庆节1次，总计发放问卷1200份，收回有效问卷1000份，问卷总回收率为83.3%。问卷发放地点选择在售票处、停车场、观光车等车排队处、游道、休闲亭、宾馆、饭店、黄水镇等处。问卷调查对象为所有游客，为防止问卷调查偏差，采取自愿填写，调查人员辅以说明解释的方式，并赠送小礼物，同时在调查问卷的开始说明开展此次调查的目的，告诉游客问卷以选择题为主，填写问卷只占用少量时间，并承诺对游客信息予以保密，争取游客配合。

（2）ZTCM函数的选择与统计学检验。

①函数选择。ZTCM模型的函数形式有很多种，可以通过以下几个方面进行比较：首先从经济学角度考虑，充分解释经济现象；其次从统计分析的角度比较，残差分析显得尤为重要。如果模型的残差平方和最小，并且看起来最随机，那么这样的函数形式应该被选择。

线性函数、指数函数和幂函数是三种常见的单地点模型函数形式。线性模型的优势是容易被最小二乘法OLS进行回归估计，而且变量不需要转化成平方、平方根、对数等形式，从而减少潜在的信息解译误差。从以往的文献上看，指数函数和幂函数往往与数据跟贴合[106]。

Garrod[107]总结了隐含在上述主要函数形式里的假设：线性函数隐含着在旅行费用为零的时候访问次数是有限的，但是有一个临界成本（Critical Cost）高于这个临界成本，模型预测出来的访问次数将是负数，从而可能产生对需求曲线的统计解释方面的问题；对数函数的优点在于计算需求弹性，但对数函数隐含在零旅行费用的访问次数是无穷大，在缺乏需求弹性时，计算出来的消费者剩余是无穷大的；指数函数被广泛应用TCM研究。其优势在于在旅行费用很高时，预测出来的结果不会是负数。

幂函数和指数函数的需求函数还有一个特点，那就是没有固定的价格使访问次数降至0。对应的解决办法是选择一个瓶颈价格（Choke Price）。常用方法有两个：一个是用游客以此地点为唯一目的地的最大价格（旅行距离）；另一个是选择一个任意小的访问次数（如0.1），然后从数学上求解产生预测访问次数的价格[106]。

Ward和Beal归纳了上述三种常用TCM模型的CS、CV和EV的计算方法[106]，见表6.8。

表 6.8 常用 TCM 函数及 CS、CV 和 EV 的计算方法

函数形式	计算公式
线性	$X=B_0+B_1P+B_2Y+B_3N$
幂函数	$X=B_0P^{B_1}+Y^{B_2}+N^{B_3}$
指数函数	$X=e^{(B_0+B_1P+B_2Y+B_3N)}$
线性	CS
若在价格 P_1 可以增加/减少一个地点时	$(X_1)^2/-2B_1$
价格从 P_0 变化到 P_1	$[(X_1)^2-(X_0)^2]/-2B_1$
幂函数	
若在价格 P_1 可以增加/减少一个地点时	$P_1X_1/(-B_1-1)$
价格从 P_0 变化到 P_1	$(P_1X_1-P_0X_0)/(-B_1-1)$
指数函数	
若在价格 P_1 可以增加/减少一个地点时	$X_1/(-B_1)$
价格从 P_0 变化到 P_1	$(X_1-X_0)/(-B_1)$
线性	CV
若在价格 P_1 可以增加/减少一个地点时或价格从 P_0 变化到 P_1	$\left[\frac{X_1}{B_2}+\frac{B_1}{B_2^2}\right]-e^{[B_2(P_1-P_0)]}\left[\frac{X_0}{B_2}+\frac{B_1}{B_2^2}\right]$
幂函数	
若在价格 P_1 可以增加/减少一个地点时或价格从 P_0 变化到 P_1	$Y-\left[Y^{1-B_2}+\left(\frac{B_2-1}{1+B_1}\right)B_0N^{B_3}(P_0^{B_1+1}-P_1^{B_1+1})\right]^{\frac{1}{1-B_2}}$
指数函数	
若在价格 P_1 可以增加/减少一个地点时或价格从 P_0 变化到 P_1	$\frac{1}{B_2}\ln\left[1+\frac{B_2}{B_1}(X_0-X_1)\right]$
线性	EV
若在价格 P_1 可以增加/减少一个地点时或价格从 P_0 变化到 P_1	$e^{[B_2(P_0-P_1)]}\left[\frac{X_1}{B_2}+\frac{B_1}{B_2^2}\right]-\left[\frac{X_0}{B_2}+\frac{B_1}{B_2^2}\right]$
幂函数	
若在价格 P_1 可以增加/减少一个地点时或价格从 P_0 变化到 P_1	$\left[Y^{1-B_2}+\left(\frac{B_2-1}{1+B_1}\right)B_0N^{B_3}(P_0^{B_1+1}-P_1^{B_1+1})\right]^{\frac{1}{1-B_2}}-Y$

续表

函数形式	计算公式
指数函数 若在价格 P_1 可以增加/减少一个地点时或价格从 P_0 变化到 P_1	$-\frac{1}{B_2}\ln\left[1+\frac{B_2}{B_1}(X_1-X_0)\right]$

资料来源：Ward 和 Beal（2000）。P 表示价格，Y 表示收入，N 表示其他需求预测因子。

②统计学检验。模型检验主要包括 F 检验、t 检验、R^2、$\overline{R^2}$、自相关检验、异方差检验和多重共线性检验。具体方法参见 Gujarati 的计量经济学[150]。分析工具为 Eviews。

（3）黄水国家森林公园游憩价值分析。

①相关参数的选择、相关数据的处理与计算公式说明。根据问卷调查发现，大部分游客选择游玩黄水国家森林公园后即返回居住地，仅仅只有少数（约 6.5%）的游客还将随便走访利川、恩施等地，因此计算时可以将整个行程的大部分花费作为游客以黄水国家森林公园作为唯一访问地的全部费用。由于问卷调查中没有对旅游的每一项花费逐一询问，计算时按照惯例以游客交给旅行社的组团费用或整个旅行的预算花费作为旅行费用，预算费用一般包括交通费、门票、食宿费，等等。

旅行时间的测算包括以下两个部分，一是旅途时间（Travel Time）；二是现场时间（On-site Time）。旅途时间以交通工具实际运行到景区的时间作为游客的旅途时间。现场时间通过问卷调查发现，游客一般在黄水国家森林公园停留时间为 2～3 天。从已掌握相关文献看，通常采用工资率的 1/3～1/2 的比例对旅途时间和现场时间进行折算。假设每年工作时间 250 天，旅行时间的价值折算公式为：$TC=\frac{1}{2}\times\frac{S}{250}\times d=\frac{S\times d}{500}$。式中，TC 表示时间的机会成本；S 表示景区游客客源地职工年度平均工资；d 表示整个旅行的时间。

调查问卷显示黄水国家森林公园主要客源地为石柱当地、重庆主城区、万州区、黔江区、忠县、丰都县、彭水县、武隆县、长寿区、垫江县、梁平县、云阳县、开县涪陵区，只有少量来自四川省的成都、南充，湖北省的利川、恩施以及昆明、武汉。重庆地区按照下属行政区划分，问卷主要涉及 24 个出游小区。每个小区的出游率为该小区每年每 1000 人中到黄水国家森林公园的游览人次。计算公式为：$VR_i = \dfrac{1000 \times \left(\dfrac{n_i^*}{N^*} \times N\right)}{P_i}$。式中，$VR_i$ 表示第 i 个小区的出游率（千分比）；n_i^* 表示抽样问卷中第 i 个小区的实际出游数；N^* 表示抽样样本总数；N 表示黄水国家森林公园的年接待游客人数；P_i 表示第 i 个小区的人口总数。

表 6.9 客源地人口与收入水平

主要出游小区	出游率 VR	人口（万人）	总旅行费用（元）	职工年平均工资（元）
重庆主城区				
渝中区		59.56		29901
大渡口区		22.89		28779
江北区		52.65		28769
沙坪坝区		76.14		27366
九龙坡区		79.91		25145
南岸区		57.59		27102
北碚区		64.02		24906
渝北区		95.49		26127
一小时经济圈地区				
涪陵区		113.8		19861
长寿区		89.87		22464
巴南区		87.23		22240
万盛区		26.82		17922
双桥区		5.01		24386
渝东北翼地区				
万州区		172.54		19226
梁平县		91.07		19278
丰都县		82.44		17937
垫江县		93.94		21578
开 县		49.71		18780

续表

主要出游小区	出游率 VR	人口（万人）	总旅行费用（元）	职工年平均工资（元）
忠 县		99.22		19910
云阳县		39.66		19899
渝东南翼地区				
黔江区		52.17		23779
石柱县		53.34		18218
武隆县		41.01		18142
彭水县		67.38		19763

注：①结合实际情况，重庆主城区除了包括传统的主城六区（渝中区、大渡口区、江北区、沙坪坝区、九龙坡区、南岸区）外，还增加了半小时经济圈内的北碚区和渝北区。

②上述资料来源于重庆统计年鉴分析整理。

②ZTCM 回归分析与统计检验。根据表 6.8 分别计算不同函数形式下的 ZTCM，具体结果见表 6.10～表 6.13。

表 6.10　线性函数回归分析

因变量：VR 方法：最小二乘法				
变量	系数	标准差	T 检验	Prob.
C	−40.55274	27.14562	−1.493896	0.1501
TC	−0.079827	0.020448	−3.90398	0.0008
I	0.007494	0.00177	4.234543	0.0004
R^2	0.472818	因变量均值		45.65063
AR^2	0.42261	因变量标准差		27.23983
回归标准差	20.69851	Akaike info criterion		9.014469
残差平方和	8996.996	Schwarz criterion		9.161726
对数似然	−105.1736	F 检验		9.417201
Durbin-Watson 检验	2.296662	Prob（F-statistic）		0.001204

R^2 为0.47，显示较好的拟合效果，解释变量TC、I能对被解释变量VR的绝大部分变异做出解释。

变量TC、I均通过显著性检验，表明旅行总费用、旅行者收入对旅行活动有显著影响。其中TC回归系数为负，表明旅行总费用与旅行活动呈反向变动趋势，即旅行费用越高，出游率就越低。I的回归系数为正，表明旅行总费用与旅行活动呈正向变动趋势，即旅行费用越高，出游率就越高。变化趋势符合相关理论。

使用DW检验法检验模型的自相关。对于样本量为24、两个解释变量的模型，5%的显著水平下，查DW统计表可知 $d_L=1.188$，$d_U=1.546$，模型中 $d_U<DW<4-d_U$，认为该模型无自相关。

使用White检验法检验模型的异方差。$nR^2=6.263$，由White检验知，在5%的显著水平下，查 $\chi^2_{0.05}$（5）$=9.488$，$nR^2<\chi^2_{0.05}$（5），表明模型不存在异方差。

表6.11 幂函数回归分析

因变量：LNVR

方法：最小二乘法

变量	系数	标准差	T检验	Prob.
C	−12.61581	6.718322	−1.877821	0.0744
LnTC	−1.022237	0.335602	−3.045983	0.0061
LnI	2.329054	0.8081	2.882135	0.0089
相关系数	0.332524	因变量均值		3.667166
修正相关系数	0.268955	因变量标准差		0.560839
回归标准差	0.479524	Akaike info criterion		1.484422
残差平方和	4.828804	Schwarz criterion		1.631679
对数似然	−14.81307	F检验		5.230911
Durbin-Watson检验	2.293611	Prob（F-statistic）		0.014341

R^2 为 0.33，显示较好的拟合效果，解释变量 LnTC、LnI 能对被解释变量 VR 的绝大部分变异做出解释。

变量 TC、I 均通过显著性检验，表明旅行总费用、旅行者收入对旅行活动有显著影响。其中 LnTC 回归系数为负，表明旅行总费用与旅行活动呈反向变动趋势，即旅行费用越高，出游率就越低。LnI 的回归系数为正，表明旅行总费用与旅行活动呈正向变动趋势，即旅行费用越高，出游率就越高。变化趋势符合相关理论。

使用 DW 检验法检验模型的自相关。对于样本量为 24、两个解释变量的模型，5%的显著水平下，查 DW 统计表可知 $d_L=1.188$，$d_U=1.546$，模型中 $d_U<DW<4-d_U$，认为该模型无自相关。

使用 White 检验法检验模型的异方差。$nR^2=2.084$，由 White 检验知，在 5%的显著水平下，查 $\chi^2_{0.05}(5)=9.488$，$nR^2<\chi^2_{0.05}(5)$，表明模型不存在异方差。

表 6.12　指数函数回归分析

因变量：LNVR

方法：最小二乘法

变量	系数	标准差	T 检验	Prob.
C	2.229962	0.6244	3.571369	0.0018
TC	−0.001431	0.00047	−3.042198	0.0062
I	0.00013	4.07E-05	3.182264	0.0045
R^2	0.34201	因变量均值		3.667166
AR^2	0.279344	因变量标准差		0.560839
回归标准差	0.476104	Akaike info criterion		1.470109
残差平方和	4.760181	Schwarz criterion		1.617366
对数似然	−14.64131	F 检验		5.45769
Durbin-Watson 检验	2.312837	Prob（F-statistic）		0.01234

R^2 为 0.34，显示较好的拟合效果，解释变量 TC、I 能对被解释变量 VR 的绝大部分变异做出解释。

变量 TC、I 均通过显著性检验，表明旅行总费用、旅行者收入对旅行活动有显著影响。其中 TC 回归系数为负，表明旅行总费用与旅行活动呈反向变动趋势，即旅行费用越高，出游率就越低。I 的回归系数为正，表明旅行总费用与旅行活动呈正向变动趋势，即旅行费用越高，出游率就越高。变化趋势符合相关理论。

使用 DW 检验法检验模型的自相关。对于样本量为 24、两个解释变量的模型，5%的显著水平下，查 DW 统计表可知 $d_L=1.188$，$d_U=1.546$，模型中 $d_U<DW<4-d_U$，认为该模型无自相关。

使用 White 检验法检验模型的异方差。$nR^2=2.335$，由 White 检验知，在 5%的显著水平下，查 $\chi^2_{0.05}(5)=9.488$，$nR^2<\chi^2_{0.05}(5)$，表明模型不存在异方差。

最后，增加以自变量为对数的函数形式的回归分析。

表 6.13 自变量为对数的函数回归分析

因变量：VR
方法：最小二乘法

变量	系数	标准差	T 检验	Prob.
C	−934.1107	295.7752	−3.158178	0.0047
LnTC	−56.15879	14.77492	−3.800955	0.001
LnI	136.4652	35.57674	3.835799	0.001
R^2	0.45159	因变量均值		45.65063
AR^2	0.399361	因变量标准差		27.23983
回归标准差	21.11111	Akaike info criterion		9.053945
残差平方和	9359.261	Schwarz criterion		9.201202
对数似然	−105.6473	F 检验		8.646274
Durbin-Watson 检验	2.338497	Prob（F-statistic）		0.001822

R^2 为 0.33，显示较好的拟合效果，解释变量 LnTC、LnI 能对被解释变量 VR 的绝大部分变异做出解释。

变量 TC、I 均通过显著性检验，表明旅行总费用、旅行者收入对旅行活动有显著影响。其中 LnTC 回归系数为负，表明旅行总费用与旅行活动呈反向变动趋势，即旅行费用越高，出游率就越低。LnI 的回归系数为正，表明旅行总费用与旅行活动呈正向变动趋势，即旅行费用越高，出游率就越高。变化趋势符合相关理论。

使用 DW 检验法检验模型的自相关。对于样本量为 24、两个解释变量的模型，5%的显著水平下，查 DW 统计表可知 $d_L=1.188$，$d_U=1.546$，模型中 $d_U<DW<4-d_U$，认为该模型无自相关。

使用 White 检验法检验模型的异方差。$nR^2=8.934$，由 White 检验知，在 5%的显著水平下，查 $\chi^2_{0.05}(5)=9.488$，$nR^2<\chi^2_{0.05}(5)$，表明模型不存在异方差。

最终结果见表 6.14。

表 6.14　四种函数形式的回归方程

函数形式	回归方程
线性	$VR=-0.0798TC+0.007494I-40.5527$
幂函数	$LnVR=-1.0222LnTC+2.3291LnI-12.6158$
指数函数	$LnVR=-0.0014TC+0.0001I+2.2300$，$VR=e^{(-0.0014TC+0.0001I+2.2300)}$
自变量为对数的函数	$VR=-56.1588LnTC+136.4652LnI-934.1107$

③黄水国家森林公园旅游需求函数与消费者剩余测算。黄水国家森林公园旅游需求函数测算的基本思路和步骤为：首先假定各出游小区的总人口、人均年收入、游客旅行时间为常数；其次计算各出游小区不同旅行费用下的不同出游率，根据出游率公式计算各出游小区的旅游人次，进行加总得到黄水国家森林公园的不同旅行费用下的总旅游人次；最后根据不同状态下的旅游费用与旅游人次回归出黄水国家森林公园的旅游需求函数。

以线性函数为例，旅游需求函数为 $Q=-1335.42TC+2100453$，假定旅行费用上限为1572元，对函数进行积分，可以得出消费者剩余为1651877847元，由于2009年黄水国家森林公园共接待游客70万人次，人均消费者剩余为2359.83元。同理可求出其他函数下的旅游需求函数及消费者剩余，见表6.15。

表6.15 旅游需求函数与消费者剩余

函数形式	旅游需求函数	总消费者剩余（元）	人均消费者剩余（元）
线性	Q=−1335.42TC+2100453	1.6×10^9	2360
幂函数	LnQ=−0.27754LnTC+12.9219	1.2×10^9	1714
指数函数	LnQ=−0.0108TC+190.7901	0.9×10^9	1286
自变量为对数的函数	Q=7190715−939795LnTC	1.1×10^9	1571

注：上述模型回归均在5%的置信度下显著，且通过自相关和异方差检验。

根据上述回归分析可以看出，对黄水国家森林公园的四种ZTCM主要函数形式均有效，其中线性函数和自变量为对数的函数形式拟合效果最好。不同函数形式下的消费者剩余不同，综合起来，2009年黄水国家森林公园的总消费者剩余在0.9亿～1.6亿元，平均消费者剩余在1200～2300元。据统计，2009年黄水国家森林公园共接待游客70万人次，综合收入2.1亿元，可以测算出2009年黄水国家森林公园的总游憩价值约为$2.1+\frac{(0.9+1.6)}{2}=3.4$亿元，人均游憩价值约为$\frac{3.4\times10^9}{7\times10^5}=5000$元。

6.4 本章小结

（1）使用定量、定性相结合，实地调研、游客问卷调查相结合的方法分析森林公园环境价值。

（2）重庆黄水国家森林公园环境价值主要包括生态价值、社会效益和旅游游憩价值。使用ZTCM模型评估重庆黄水国家森林公园的旅游游憩价值，首先分析景区主要客源结构；其次分析游客的人口统计学特征，采用线性函数、幂函数、指数函数和自变量为对数的函数形式依据上述分析确定的相关参数回归分析景区游憩价值和旅游消费者剩余，并进行统计学检验。

（3）测算结果显示：2009年黄水国家森林公园的总游憩价值约为3.4亿元，人均游憩价值约为5000元。

7 重庆黄水国家森林公园运营管理设计

合理地设计景区的运营和管理，需要充分考虑旅游者的市场需求、旅游资源的分布特点、空间结构和旅游线路。本章依据第 5 章的黄水国家森林公园旅游环境承载力分析以及第 6 章的黄水国家森林公园环境价值计量分析，对森林公园的运营和管理进行设计、规划和完善。

7.1 景区景点与游览线路

7.1.1 景区划分

（1）划分原则。

①正确处理风景资源的保护与开发利用之间的关系，全面规划，坚持可持续发展战略，协调好已开发景区和待开发景区的发展步骤。重视维护生态环境的良性循环，适度开发，永续利用，创造出类型多样、结构合理、交通便捷、设施完备的旅游环境。

②依据森林公园景观资源特色的差异性及地域空间的连续性、景源分布状况及空间环境特征，使景区间既保持内在的联系，又突出自身的特色，使全园脉络贯通，主次有序。

③景区划分要有利于开发建设，便于旅游组织和管理。景区的主题要鲜明，特点突出，景观资源相对集中，以利于游览线路组织。

④根据森林公园的特点，在调查研究的基础上综合园内各景区的特征，匠心独具地作出整体风格及游赏内容。

⑤坚持突出森林生态环境优势，突出自然野趣和保健等多种功能。弘扬土家族文化、乡土风情，形成自身的独特风格和地方特色，使游赏性与娱乐性充分结合。

（2）景区划分。依据上述景区划分原则，考虑到公园风景资源的分布位置、特点、建设要求、游览需要以及保持公园地域完整性等因素，将风景游览区划为六个景区，即千野草场景区、灵山佛景区、毕兹卡绿宫景区、万胜坝景区、油草河景区、洋洞景区，此外还包括一个生态保护区。

7.1.2 景区景点

（1）千野草场景区。景区位于公园西南部，景区农户退耕还林，以放牧为主。景区由岩口、麻坪、大坪、瓦屋四大部分组成。主要由牧草景观、森林景观、火棘景观、石芽景观构成。依据千野草场景区的地理特点、自然地形地貌天然划分的空间层次、风景资源特征和分布状况，把以功能需求为主的功能分区与以意境游览为主的景区划分相结合，将千野草场景区区划为五个小区，具体规划如下：

岩口接待小区为千野草场景区的入口区段，是景区主游线与川汉管道公路（318 国道副线）的交汇段，范围包括景区的入口大门区和沿川汉管道公路两侧的部分用地。该小区为千野草场景区的入口迎宾区段，是游客进入景区的中转节点，规划将其功能定位为：引导、展示、餐饮、住宿、购物、集散六大功能。规划该区域以体现景区形象，设立入口景观，以接待服务和引导展示为主，提供少量食宿。主要设施有：入口标志性景观大门、观景台、服务接待站、停车场、旅游纪念品店铺以及治安点、卫生站等。除大门强调大尺度的标志性外，其余建筑物（构筑物）均以小巧玲珑、依山就势为风格，避免破坏自然景观。

火棘园小区有较好的自然火棘资源，景观效果较好。规划的主要设施有：收费设施、火棘山、火棘迷宫、火棘园艺园、火棘作坊、火棘游园等。小区建（构）筑物均采用小体量，依山就势建造，与自然景观有机融合。火棘园小区的开发建设应减少对原有自然景观的破坏，在突出火棘主题的前提下，火棘景观与原有植被、石头相结合，做到虽由人做，宛似天开。在收费设施附近布置火棘作坊、火棘园艺园，以便游客在观赏火棘的同时，能够品尝火棘、欣赏园艺，增加游客的游玩兴致。

麻坪民俗体育健身小区适合开展民俗体育健身活动、野外极限体育活动以及组织休憩场所。结合小区内的现有设施，规划将其功能定位为民俗体育健身活动区，主要规划项目有：射击场、射箭场、秋千乐园、竹铃球赛场、草坪排球场、山地自行车跑道等。配套设施有：接待中心、住宿、餐饮中心、休闲场地、民俗活动表演场等。

大坪草场风情游览小区两侧边缘悬崖上可遥望长江，视觉景观好，适合组织各类室外休闲活动，开阔的大草坪适合开展各类大型室外旅游活动。主要规划内容有：滑草（雪）场、牛马栅栏、跑马场、马术表演场、观江廊、欢乐林、日光浴草坪、篝火娱乐场地、烧烤场地、休闲草亭等。配套设施有：接待中心、住宿、餐饮中心、风味饭庄、后勤中心等。滑草（雪）场依据用地的特征，结合活动心理学，将滑草（雪）场分为五个活动区域：速滑中心、自由滑草场、障碍滑草场、滑草赛道、电瓶车滑草场，满足不同年龄段、不同爱好、不同性别游客的需要。隆冬季节，滑草场也可利用为滑雪场。牛马栅栏、跑马场依据两项活动的性质特点，将二者结合布置，形成马场区。结合蒙古包、寨门、箭楼、栅栏、牛马饲养棚规划的牛马栅栏等，既作为跑马场的后勤服务基地，又形成完整的畜牧风情景观。观江廊可望长江，在场地西侧悬崖边设置观景长廊，山坡上设置观景箭楼，既可观江景，又可俯视整个大坪小区。

瓦屋游牧风情体验小区为山地，山丘上无任何灌木、乔木，视野开阔，一望无边，山丘、草场、野花构成小区主要的自然景观特征。结合小区的自然特征，规划将其功能定位为游牧风情体验区，规划的主要内容有：表演广场、土家山寨、游牧作坊、牛羊栅栏、大草原、蒙古包、篝火广场、野营烧烤场地、万花山等。配套设施有：后勤中心、住宿、餐饮中心休闲场地等。

（2）灵山佛景区。景区位于森林公园西北部。森林覆盖率达 90%以上。建筑布局应充分体现土家族风俗文化，以森林游览和佛教文化游览为风景旅游特征。景点规划：

森林浴场主要由针阔混交林组成，树高在 15 m 以上，郁闭度 0.8，地势平坦，环境幽静，空气清新，负离子含量高，是理想的森林浴场。拟规划建一个 3000 m^2 的森林浴场，对场内杂草灌木进行清理，修建漫步健身游道，设一些大石块台凳、仿木水泥桌、凳以及吊床、太阳伞、躺椅、气垫、帐篷等，供游客游憩用。在较隐隅角建一座厕所。

灵山佛庙重点反映佛教文化，对已恢复修建的灵山佛庙进行重新定位塑像，完善内部设施，使恢复后的灵山佛庙成为石柱县乃至附近地区佛教活动的重要场所。卡丁车场开展一些体育游乐活动。

览胜亭位于青草坡黄花场山腰处，林地平缓，松林茂密，周围地势险峻，山色微秀。拟建一直径 4 m 的六角亭，取名览胜亭，钢筋混凝土结构，黄色琉璃瓦屋盖，以便观光览胜、休息避雨、远眺绿海。傍山纳水位于野鸡沟岩边，原方斗山林场青草坡工区与岩口工区交界处，林木葱郁，地形微缓，零星缀有孔洞石，半山建一座面阔九间、进深三间的二层观景楼，登楼俯瞰长江大转弯，壮观景致尽收眼底。夕阳西下，雾气散尽，纵目远望，青青远山，银色江水，交相辉映，山色江水共一楼。

鱼池跑马于灵山佛道班附近，地势平坦宽阔处，比较适宜跑马运动，规划在 1 km 范围内设栏修建出一座跑马场。

(3) 毕兹卡绿宫景区。景区位于森林公园东区西南部，区内森林茂密、苍挺葱绿、瀑飞溪碧、沟壑纵横。该景区主要开展观光游憩、漫步探险、森林浴、休闲游乐、土家风情等活动，属一类风景开发区之一。该景区区划为两个小区。包括：

毕兹卡绿宫小区，位于黄水镇 300 m 的谢家梁山上。区内柳杉遮天蔽日，植被繁茂。规划景点为毕兹卡瀑布，位于毕兹卡索滑西北方向约 300 m 处，拟对该瀑布进行开发建设，在瀑布的上游合适地段建一处高 3 m、长 20 m 的蓄水坝，可调节涸水季节瀑布水量。同时，整理瀑布跌潭四周的乱石块及杂草灌木，设置安全扶栏。从索滑处往瀑布的小道用石块砌筑“之”字形的石块游道，并在瀑布附近平缓地建一个伞亭和简易服务设施，以满足游客观瀑、戏水、呼吸空气负离子等需要。

流汗溪小区位于毕兹卡小区东南部。该小区植被覆盖好，峰林峡谷雄、险，森林景观秀、幽，谷中流水逶迤曲折，忽散忽收，穿山破岩，挥洒自如，似银河倾泻，如玉练常舞，喷珠溅玉，吞吐琼浆，造就了美妙绝伦的山谷溪水景观。该山谷生态景观丰富，自然景观迷人，可寻野趣，让人回归自然。规划景点为杜鹃谷、竹园、黄连苦园、百鸟园。

（4）万胜坝景区。位于森林公园东南部。该区以万胜坝水库及其水体景观为主体，以湖光山色、青山翠林为风景旅游特征，山景、水景、石景组合美妙，游赏区呈线状分布，是开展水上游乐的极佳场所。该区以开展度假疗养、游览避暑、会议接待、水上游乐等项目为中心。规划的景点有：

拟在万胜坝大坝附近建水上游乐园，规划利用库区水面开展水上游乐活动，如垂钓、游泳、划船、游艇、水上竞技、水上自行车、竹篙撑筏等。需增购游船、摩托艇、电动碰碰船、龙舟比赛船等。

在库区水域开阔处建一座音乐茶室 120 m^2 和嬉水亭，沿库区周边开辟游览曲径。

水库湖中选择一处建土家风情岛，将土家族的建筑风格、衣食住行、生产生活、音乐舞蹈、宗教礼仪等典型民俗汇入风情岛，并围绕土家文化规划丰富多彩的文化娱乐项目，向游客充分展示土家族的民俗文化，帮助游客在很短的时间里领略土家族的民俗精华。规划沿河畔建土家水寨、摆手舞表演广场、土家购物中心、土家民俗餐厅、土家茶楼、土家美食一条街，使其成为公园内集土家族的食、游、娱、艺、购于一体的旅游景点。岛内服务均具有民族特色、民族服饰、民族舞蹈、民族餐饮、民族工艺品，尽可能营造土家族风味情趣。

在库区周边的小岛选择一处建设 1 个翠竹园，面积 3 hm^2，内部增加必要的园林小品和小径，增配各种观赏竹类和香花植物，形成竹径幽深、百花溢香的游憩场所；在水库周边选择一半山岛修建孔雀园，饲养蓝、绿、花、白五彩缤纷、美丽诱人的各种孔雀，设幼雀馆、大观园、衍生园等景观。

在水库四周岛屿中选一半岛，饲养各种蛇类，内设蛇园、蛇展廊、蛇艺表演厅。

在水库四周岛屿中选一半岛，在岛上饲养猕猴、短尾猴数只。

选择一半岛建鹿苑，在岛上放养梅花鹿数只。游人可尽情与梅花鹿逗乐、戏耍、拍照。

在库区的湖湾中选择一处僻静、安全的湖湾建靶场，湖湾中放养野鸭，并可设置一些塑料或木制漂浮动物等模型靶，辟 3～5 个靶区。

（5）油草河景区。位于公园东北部。以登高远眺，沿河览胜，避暑观光为风景旅游特征。景点规划主要包括：

油草河的溪流水深流急，油草河大门至油草河大桥 11.2 km、自生桥大门至洋洞景区 9 km 河段非常适合开展水上漂流活动，拟对该部分河段进行清理，利用橡皮筏开展水上漂流活动，游人着救生衣乘橡皮筏顺流而下，将别有一番情趣，在沿途浅水溪段设置休息区，保证游人安全。

在青华塘附近有一片松、柳杉林，面积 180 hm^2，树高多为 10 m 以上，在此进行森林浴，可调理情趣，修身养性。拟规划在此建一森林浴场，面积 2000 m^2，内设仿木水泥桌、凳供游客休憩，修建一些散步小道，并提供野营和娱乐设施以满足游客需要。

在森林浴场附近设烧烤场，建 3 个烧烤池，在池侧建 100 m^2 的草坪，供游客举行晚会。

油草河大桥在体量上对自然景观略有破坏，但可以通过增加人工绿化改善植被的办法，随处观景都有近远景陪衬石桥，仿佛是油草卧龙的脊背。

在自生桥大门附近修建面积为 1000 m^2 的原始竞技场，主要表演摔跤、格斗、降兽等原始竞技活动，供游人观赏，游人也可亲身参与其中活动。

在油草河景区森林植被高大的平缓地带建森林乐园，主要开展森林秋千、森林舞会、森林骑马、森林童话、森林音乐、森林茶座等森林游乐活动。

在油草河中部一带的平缓地带修建面积约 30 hm^2 的桃花园，园内成片栽植不同的桃花品种，将来形成佳果满枝，争奇斗艳，果香四溢，令人心醉，不仅可供观赏游览，还可品尝鲜果这样一种高质量的旅游果园。

（6）洋洞景区。位于公园东北部。以登高远眺、林中探秘、避暑观光为风景旅游特征。规划的景点有：

玩芳候马，自黄水正北的蓑衣溪旁，远眺马脑城，其山形似马，头昂视前方，山梁下陷成颈部，马腰平直，尾部依托群山，在群山映衬下颇为壮观，正徐徐奔来。

天开国画、洋洞扇子扁，俯瞰山势延绵平远；入到沟底，两侧高山俊秀高远；山腰处，群峰婉转深远，是国画中难得的“三远”画面。

洋洞雄狮，洋洞狮子岩经大自然的精雕细琢，形成绚丽多姿、形态逼真的天然石景，酷似静卧的狮子，且与植物绝妙配合，使人浮想联翩。

乾坤北海、洋洞和尚岩，有数块巨石犹如几个修炼的和尚，闲暇之时，指点着北边的群山。其排列自然，惟妙惟肖。

靶场，拟在洋洞景区建一封闭式的靶场，面积 20～40 hm^2。靶场的目标主要是长毛兔，在靶场内建 100 m^2 的长毛兔等动物饲养场房，有计划地饲养繁殖，然后放回靶场的野外供游客捕猎。

洋洞森林浴场，洋洞景区天然次生林林相整齐，树高约 10～15 m，郁闭度 0.6～0.9，拟在景区内选择一处地势平缓、绿草如茵的林地建面积为 2000 m^2 的森林浴场，清除林内杂灌，内设石桌、石凳，修散步小道，并为游客提供水电、帐篷、吊床、气垫、躺椅等野营娱乐设施。

(7) 生态保护区。位于森林公园各景区的周边，以空间层次异常丰富、谷岭交错、沟壑纵横为旅游特征。景点规划具体如下：

西沱土家风情园地处生态保护区内的西沱镇，是以土家传统文化为基础，以通天云梯商贸街为中轴，集参观游览、购物、休闲、民俗风情展示等功能于一体的人文风景旅游项目，占地面积 4 hm^2。建设内容主要有石雕牌坊和门楼、良玉馆、土家作坊、摆手堂、望江楼、宗祠和石塔、文物展览馆和天桥、饮食与茶艺休闲表演区、通天云梯商贸街以及绿化等。

西沱温泉位于西沱镇，进行温泉开发，其建设内容主要包括温泉淋浴、饮食、娱乐、休闲等设施的建设。

江南龙宫位于西沱镇方斗山脉底部的天然型溶洞群，是长江南岸少有的天然大型溶洞群，且被茂密森林所覆盖，洞口下面有一股泉水，水从另一山洞流出。建设内容主要包括：建草坡、湖泊 6 hm^2，新建宾馆及龙宫内基础设施，休闲亭观景台以及购置旅游船只等。

嘉雨漱岩位于西沱汤家湾，附近气候阴凉，两侧藤木繁茂，极富野趣，悬崖横生，瀑布从高约 5 m 的断岩倾泻而下，银练飞洒。

翠峰舒远从次竹桠至横台，山顶松林灌丛，沿脊线，延伸出成一条绵绵起伏的绿色长龙，浮出水面，腾跃飞舞，吐翠展姿。

姣鱼水库水上游乐场位于灵山佛景区附近生态保护区内的姣鱼水库，为理想的戏水玩水场所。规划在库区水面上开展竹筏、木排、独木舟划水以及垂钓、游泳等水上活动。

大风堡观景台选择一高处建一个观景台，在观景台边建一个直径 4 m、高 6 m 的六角亭，以便观景、休息和避风雨。

在大风堡观景台附近的平缓地带建面积 20 hm^2 的珍稀植物园，分片栽植长江三峡地区的各种珍稀植物，并挂牌介绍其特点、保护级别，使其既成为林业科研和珍稀植物繁殖基地，又能实现大众教育功能，提高景林质量和审美品质。

在大风堡观景台附近，开辟约 10 hm^2 的林地建设森林游乐园，开展森林小火车、儿童乐园、森林秋千、戏马、羊车等多项森林游乐活动，并提供云梯攀登、山坡滑槽、高空滑车等惊险刺激的游乐设施，以满足不同游客的需要。

7.1.3 游览线路规划

(1) 游览线路规划的原则。

①有利于保护风景资源等自然资源和生态环境；

②有利于公园组织导游和服务管理；

③考虑不同层次游客的需求，在避免线路重复的前提下，既规划出最短游览日程，让短日游的游客尽可能饱览公园的风景精华，又要制定一日游、两日游与多日游的多种游览方案，灵活组织不同旅游费用的游客游览；

④每一条旅游路线要安排明确的主题和特色，完整的路线应符合游客游览心理变化要求和风景空间序列变化节奏规律，以免产生心理和身体疲劳；

⑤力求与长江三峡及其毗邻风景旅游点的旅游网络体系衔接，形成良好的旅游外联协作体系。

(2) 游览线路规划。黄水国家森林公园面积大，为了使游客既能充分享受优美的自然景观，又能避免对自然形成干扰并获得理想的观赏效果，必须科学地组织游览线路。根据游人的动机、兴趣以及公园的景点分布、景观特色，拟组织下列几种游览线路。

①一日游线路有三条，包括：西沱、千野草场、灵山佛游览线，具体线路为西沱温泉—西沱土家风情园—嘉雨漱岩—翠峰舒远—江南龙宫—揽胜亭—森林浴场—鱼池跑马—卡丁车场—灵山佛庙—傍山纳水—火棘园小区（火棘山、火棘迷宫、火棘园艺园、火棘作坊、火棘游园）—麻坪民俗体育健身小区（射击场、射箭场、秋千乐园、竹铃球赛场、草坪排球场、山地自行车跑道等）—大坪草场风情游览小区［滑草（雪）场、牛马栅栏、跑马场、马术表演场、观江廊、欢乐林、日光浴草坪、篝火娱乐场地、烧烤场地、休闲草亭等］—瓦屋游牧风情体验小区（表演广场、土家山寨、游牧作坊、牛羊栅栏、大草原、蒙

古包、篝火广场、野营烧烤场地、万花山等）—姣鱼水库游乐场。

毕兹卡绿宫、万胜坝游览线，具体线路为毕兹卡绿宫—毕兹卡瀑布—杜鹃谷—竹园—百鸟园—黄连苦园—珍稀植物园—森林游乐园—大风堡观景台—万胜坝水上游乐中心—翠竹园—靶场—土家风情岛—蛇岛—孔雀园—猴岛—鸵鸟园—鹿苑。

油草河、洋洞游览线，具体线路为玩芳候马—天开国画—森林浴场—洋洞雄师—乾坤北海—靶场—桃花园—森林游乐园—原始竞技场—油草龙脊—森林浴场—烧烤场。

②两日游线路：毕兹卡绿宫—毕兹卡瀑布—杜鹃谷—竹园—百鸟园—黄连苦园—珍稀植物园—森林游乐园—大风堡观景台—玩芳候马—天开国画—森林浴场—洋洞雄师—乾坤北海—靶场—桃花园—森林游乐园—原始竞技场—油草龙脊—森林浴场—烧烤场—万胜坝水上游乐中心—翠竹园—靶场—土家风情岛—蛇岛—孔雀园—猴岛—鸵鸟园—鹿苑。

③三日游线路：西沱温泉—西沱土家风情园—嘉雨漱岩—翠峰舒远—江南龙宫—览胜亭—森林浴场—鱼池跑马—卡丁车场—灵山佛庙—傍山纳水—火棘园小区（火棘山、火棘迷宫、火棘园艺园、火棘作坊、火棘游园）—麻坪民俗体育健身小区（射击场、射箭场、秋千乐园、竹铃球赛场、草坪排球场、山地自行车跑道等）—大坪草场风情游览小区［滑草（雪）场、牛马栅栏、跑马场、马术表演场、观江廊、欢乐林、日光浴草坪、篝火娱乐场地、烧烤场地、休闲草亭等］—瓦屋游牧风情体验小区（表演广场、土家山寨、游牧作坊、牛羊栅栏、大草原、蒙古包、篝火广场、野营烧烤场地、万花山等）—毕兹卡绿宫—毕兹卡瀑布—杜鹃谷—竹园—百鸟园—黄连苦园—珍稀植物园—森林游乐园—将军岩—大风堡观景台—玩芳候马—天开国画—森林浴场—洋洞雄师—乾坤北海—靶场—桃花园—森林游乐园—原始竞技场—油草龙脊—森林浴场—烧烤场—万胜坝水上游乐中心—翠竹园—靶场—土家风情岛—蛇岛—孔雀园—猴岛—鸵鸟园—鹿苑。

7.2 生物景观

7.2.1 植物景观规划

(1) 规划原则与措施。

①黄水国家森林公园现有森林植被是森林景观的重要基础，必须加以保护，植物景观布局以保护为主、改造为辅的原则，严禁破坏天然林。

②在风景林营造和景区、景点美化上坚持因地因景制宜、适地适树和植被类型多样化的原则，突出地带性植物群落的特色，结合造林和整形抚育等技术措施，保持森林植被的原始状态。

③充分考虑游客的心理感受和审美情趣，依据园林植物配置美学要求，通过对原有伐区林相改造，林木定向培育，分期分批栽植所处地带性的风景树种，突出各景区、景点特色，提供不同植被群落演替的观赏内容，提高森林生态景观质量。

④本着以景区为重点，点、线、面相结合的植物配置原则，调整林种树种结构，丰富多类型、多层次、多变化的景观内容，提高观赏价值。

⑤森林公园植物景观骨干树种的选择以各垂直分布林带主要树种为主，适当引进观赏价值高的树种，采取自然式的植物配置方式，乔灌藤草相结合，巧用植物季相变化特色，达到四季有景的自然风貌。

(2) 规划内容。

①森林垂直分布林带景观规划。黄水国家森林公园的森林主要分布在巫山大娄山中山地区的七曜山，主要植被类型有低山偏湿性常绿阔叶林、亚热带低中山常绿阔叶林、亚热带低中山竹林，森林植被的垂直结构较为明显，海拔100～500 m，以柏树、马尾松林为主，林下主要有杜鹃、栎类、蕨类等灌木和草本植物；海拔600～1100 m，这里土层深厚，黄壤分布广，以马尾松、柳杉林为主，有小块华山松、楠竹林，林下有马桑、杜鹃、冷竹、火棘等灌木；在海拔1000 m以上分布着漆树、厚朴、桦木等林木；在1200 m以上的黄水

山地分布以山毛榉科为主的常绿阔叶林和少量的巴山松林，还有成片的白夹竹林，并生长有许多珍贵树种，如水杉、珙桐、红豆杉、黄杉、杜仲、甜茶树等，颇具原始森林风貌。

森林垂直分布林带景观需严格保护原有天然林植被群落并进行森林抚育，适当点种本林带季相风景树，按植被演替规律改造原有采伐迹地，实施退耕还林，加速中、幼龄林和低质林的抚育，使其尽快恢复生态功能，达到植被景观美化效果。

②景区、景点植物景观规划。各景区、景点植物配置应在保护好现有植被的基础上，突出植被演替规律明显、物种多样的原始风貌，运用借景、漏景等多种造景手法，注重立体种植，形成自然结构类型富于季相变化的植物群落，不断提高植物的景观效果。林缘、溪岸两侧是游人视线主要集中区域，应选择花、果、叶、枝有较高观赏价值、生长速度快的乔灌木着重绿化美化。根据绿化、美化、香化的原则，因地制宜、适地适树，选择以乡土树种为主并适当引种适宜园区生长的优良观赏树种，采用孤植、丛植、群植等多种种植方法，创造不同的植物景观和内容，突出各个景区的特色和环境意境。

千野草场景区以柳杉纯林以及杉木、马尾松、枫香等针阔混交林形成的自然林带作为现有植被。灌木类有茶、火棘、蛇莓等，以及野生藤本油麻藤。本区内植物长势良好，是较原始的生态次生林群落。其植物景观规划如下：

岩口接待小区以火棘、十大功劳为基调物种，配置重阳木、雪松、柳杉及酢浆草地被植物，入口处和大门附近遍植火棘，与周边自然山体绿化相成对，烘托该处的火棘主题，产生热烈的气氛。

火棘园小区以火棘为基调物种，配置重阳木、柳杉、马尾松及酢浆草地被植物，形成漫山遍野红籽累累的壮观景象。火棘园内保持现有的较好的绿化树种，补种柳杉、杉木、马尾松等景观较好的绿色树种，与红色的火棘形成鲜明的对比。

麻坪民俗体育健身小区以银杏、香樟、灯台树为基调树种，配以樱花、碧桃、玉兰、海棠、梅花及牡丹、芍药、杜鹃、八仙花、月桂、玫瑰、十大功劳等各类花灌木，展示终年常青显绿意、四季百花绽奇葩的花文化丰富的内涵，给游人以美的享受。

大坪草场风情游览小区以香樟、楠木、柳杉、马尾松、银杏、桂花为基调树，配置紫荆、山楂、山茶、杜鹃及酢浆草地被植物。在接待及休闲活动区，植物景观以红枫、玉兰、白兰、紫薇、月季、迎春、山茶、杜鹃及时令鲜花为主，配置银杏、桂花，形成姹紫嫣红、花团锦簇的效果，在草地上点缀各类造型的灌木、花卉植物，与休闲活动融为一体，达到百花掩映、绿树成荫的意境。

瓦屋游牧风情体验小区选用青枫、枣、桂花、银杏、桃、樱桃等构成春花、秋实景观，林下配置山刺玫、山茶、映山红、大栀子花灌木，周边散置竹类，展现塞外风光的植物生态群落，苍茫草场，衬托山势，展示塞外游牧风光。周边山体，片植苍松、翠柏、水杉、银杏、青枫、灯台树、青栎等，营建一片针、阔叶混交林郁郁葱葱的森林景观，以林壮山势，形成苍茫的森林景观，使游客产生无限的遐想。

灵山佛景区植物配置应采用仿英国庄园的风格，采取列植、丛植、孤植等种植方式，林下片植大面积的花灌木，主要栽植树种有：罗汉松、侧柏、圆柏、雪松、小叶香樟、野樱桃、枫杨、小叶桉、玉兰、鹅掌楸、合欢、黄花槐、垂柳、山核桃、法桐、枫香、银杏、栾树、白蜡、桂花、斑竹、忍冬、杜鹃、八仙花、山茶花、绣线菊、菊花、蔷薇、冷水花、荚迷、五味子、十大功劳、野海棠等。这里傍山纳水，不仅可以俯望长江，而且山体是由石灰岩形成具太湖石的特色，故植物景观应依山就势以长江为背景，运用江南塑山手法，盆景式植物配置，把青草坡乡村俱乐部包容其中，形成一处巨大的山水盆景，植物品种可选择：铁坚杉、华山松、水杉、油松、桢楠、柳杉、栓皮栎、光皮桦、黄花槐、垂柳、黄连木、枫香、油茶、白夹竹、冷竹、山茱萸、火棘、忍冬、杜鹃、八仙花、绣线菊、菊花、蔷薇、悬钩子、荚迷、野海棠、映山红等。

毕兹卡绿宫景区天然次生林面积大范围广，景观资源丰富，景点集中，需重点开发，实行以抚育为主，改造、营林、利用的综合措施，大力改造原采伐迹地和退耕地，种植速生林和经济林，使森林资源、林木质量都有较大幅度提高。本区群山跌宕起伏，绿树苍翠葱郁，是山岳景观最具观赏价值的区域。植物种植应在保存好原有天然林景观的基础上，在游人目及的山峰补种多种乔、灌、花卉和季相树种，使其繁花似锦，色彩丰富，生机盎然，提高景点质量，主要栽植：落叶松、铁坚杉、华山松、水杉、油松、湿地松、大叶楠、红豆杉、柳杉、栓皮栎、枫香、银杏、楠竹、白夹竹等树木。珍稀植物园结合自然地势合理布局，营造宛若天开的园林景观，远处借高山绿水衬托，形成既有层次又略显宽敞的开朗空间，以植物观赏性和植被分类划分不同的专类园，其中，药物园可对黄连、党参、三七、天麻等作为重点研究并适当培育引种其他药用植物。

万胜坝景区以垂柳、杜鹃、八仙花、山茶花、十大功劳、野海棠、白夹竹、毛竹、慈竹为主要栽植树种，与山岳植被交相辉映，山靠水活，水因山灵，使景区更加俊秀。

油草河景区跨越地域面积广，油草河、羊叉溪蜿蜒于群山中，动植物分布类型较完整，植被景观资源较丰富，洋洞、羊岔溪附近还有大面积原始森林，甚为珍贵，原则上景区内植被全部保持其原始生境状态，由于本区景点主要是公路和山路观望为主，故沿途除打通透视线外，还需进行森林抚育，适当进行林分改造突出季相特征，发挥其在生态环境保护中的作用，也使游人领略到真正“森林”的意境，有返朴归真之感。应栽植：铁坚杉、油松、湿地松、罗汉松、大叶楠、小叶香樟、红豆杉、柳杉、板栗、桤木、灯台、山核桃、石榴、枫香、银杏、栾树、白蜡、桂花、白夹竹、慈竹、斑竹等观赏性乔木及山茱萸、杜鹃、八仙花、山茶花、绣线菊、菊花、蔷薇、野海棠、映山红等花灌木。

洋洞景区林相较好，仅需对部分景点沿线可栽植华山松、日本落叶松、水杉、三尖杉、圆柏、雪松、小叶香樟、红豆杉、柳杉、枫香、小叶桉、玉兰、鹅掌楸、合欢、垂柳、法桐、白蜡、桂花等观赏树种。

生态保护区内西沱和枫木生态保护区需积极封山育林，改造疏林，加强退耕还林，进行人工补植，发展针、阔混交林和阔叶风景林木，营建天际线和透景线的森林景观，提高对其他景区的生态保护能力，维持生境平衡。

岩口、黄水、万胜坝三个综合管理区植物配置采用城镇公园和居住区绿化规划思路，加大园林化的进程，达到黄土不露天的标准，绿化美化主要以黄水鱼湖及街心花园为主，采取现代规划理念自然式布局，塑起伏微地形，大面积铺设草坪，孤植大乔木，丛植花灌木，可栽植：铁坚杉、华山松、水杉、油松、湿地松、罗汉松、雪松、大叶楠、小叶香樟、红豆杉、柳杉、野樱桃、灯台、玉兰、鹅掌楸、香叶树、合欢、黄花槐、香花槐、紫穗槐、垂柳、法桐、黄连木、石榴、枫香、银杏、栾树、桂花、苹果、猕猴桃、桃、白夹竹、慈竹、冷竹、斑竹、剑竹、山茱萸、火棘、忍冬、杜鹃、八仙花、山茶花、绣线菊、菊花、蔷薇、常春藤、十大功劳等树木，使游人在乡镇间有一处开朗的休憩空间。

③主干道路及游览路植物景观规划。公园内的道路是沟通各景区、景点的纽带，是游赏路线的载体。因此，根据各区的功能和性质，安排各具特色、形式多样的植物布局，展示出一幅连续的富有韵律的动态画卷。公园主干路及其他各景区内道路是园内主要游览路线，根据各区的功能和观赏需要，采取规则式和自然式相结合的方式，营造护路林和遮阴林，选用树姿自然、主干优美、树冠浓密、高低适度的树种，以种植华山松、红色薄皮马尾松、油松、雪松、小叶香樟、柳杉、枫杨、小叶桉、玉兰、合欢、黄花槐、垂柳、法桐、银杏、栾树、桂花、白夹竹、毛竹等为主，既保障游人行走遮阴，又保持道路的水土涵养，道路两侧或一侧有景可赏的地段，栽植山茱萸、火棘、忍冬、杜鹃、八仙花、山茶花、绣线菊、菊花、蔷薇、悬钩子、十大功劳、野海棠、映山红等低矮花灌木丛，留出诱导视线的风景窗，使游览者沿途可欣赏自然风景。在道路的折转处，配置高低错落的花境，注意不影响通视和车辆、游人安全。各游览步道的植物配置完全采用自然式，充分利用路旁原有乔、灌、花的布局，协调种植形式达到枝叶相摺，野花相伴，道转景变。

7.2.2 动物景观规划

（1）规划原则与措施。

①从积极恢复生态平衡出发，处理好加强资源保护与合理利用的关系，以利于改善生态环境。森林公园内严禁捕猎野生动物。

②遵循以保护与利用相结合的原则，切实做好野生动物的栖息地环境保护，促进各类种群的繁育，同时采用科学方法开展观赏利用工作。

③根据公园植被、地形、地势、土壤、气候等因子进行有选择性规划，营造适宜野生动物栖息的原始环境。

④在观赏上以野生种群为主，野生种群与放养种群、圈养种群相结合，增加野生动物的可览度。

⑤遵循保证游人安全的原则，在兽类经常活动易伤人的区域，树立醒目的

标志牌，对游人告示安全注意事项，并采取相应保障措施。

（2）规划内容。黄水国家森林公园动物景观需遵循“保护、恢复、开发、利用”的基本指导思想，加大保护和恢复园区生态环境力度，合理地开发和利用风景资源，充分发挥野生动物对森林公园的多功能生态作用，并取得最佳的综合效益。

森林公园内的高山深谷、茂密的森林、竹林及河流为许多野生动物提供了隐蔽场所和生活条件，在千野草场、灵山佛、毕兹卡绿宫、油草河、羊叉溪、洋洞等地发现有野猪、猕猴、山羊、野兔、雉鸡、野鸭等野生动物出没，公园在这些区域设置投食槽、招鸟巢、饮水站等设施，仿效野生动物自然特性结合景观特征，使野生动物能逐步适应后经常光顾，以便于在这些地方开展集观赏、探险、娱乐于一体的山野旅游。同时，公园逐步开展驯养繁殖、物种保护等科学研究，对动物采取笼养、圈养、放养等多种饲养方式，达到开放展出动物的方式，增加游人热爱和保护野生动物的情趣。

在森林公园游览线路上利用招鸟巢招引啄木鸟、画眉、喜鹊、锦鸡等鸟类，使各景点间不单调有机联为一体，使游人更加融于大自然；在风景游览区内可放养马、牛、羊等动物，使公园更具有乡村风情，也可丰富公园的观赏内容。

7.3 保护工程

7.3.1 规划原则与措施

为了确保森林公园各种功能的持续正常运转，在保护工程规划中，除严格执行国家有关法规、条例之外，同时应遵循下列原则：

（1）坚持以保护为主、保护与开发相结合的原则，确保自然生态环境的良性循环。

（2）全面规划，合理布局，因地制宜，综合利用，便于施工，工程设施与周围景观相协调。

（3）坚持以保护森林资源和自然资源为主，正确处理好保护与开发、森林旅游的关系，实行分类保护、分区保护、重点保护，区别对待的原则，根据保护对象的特性和科学管理的技术要求，确定适宜、有效的保护措施。

7.3.2 景观资源保护

景观资源是森林公园的主体，根据其景观质量和环境特点，划分保护等级，采取相应的保护措施。景观资源保护按两级规划。

（1）重点保护区。包括风景游览区各景区、景点和生态保护区中可游览区域及景点。此类保护区是公园风景游览的精华部分，区内景物具有较高的美学、生态、科研、历史价值，以永久保持景观面貌的完整性为目的区域。主要保护措施有：对区内的自然景观和人文景观，应维持原貌，严格保护，不得破坏和随意改变。在珍贵景物和重要景点上，应依需要设置适宜的保护设施，禁止增建其他工程设施。实行封山育林，提高森林保健功能质量。公园游览区及游人有效视野范围内的林木，不得进行生产性经营和采伐活动。采取的经营措施必须符合景观要求。严禁砍伐或移植古树名木，并应采取有效的技术措施为其创造良好的生态环境，维护其正常生长。禁止在森林旅游区内毁林采石、采土、采矿以及其他毁林破坏景观的行为。有计划地组织游览活动，做好对游人的疏导工作，游人数量要控制在环境容量之内，避免无限制地超负荷接纳旅游者。具体制定黄连种植规划，在重点景观周边和游路百米内也需严格控制种植面积，并符合景观要求。

（2）常规保护区。常规保护区为重点保护区以外的所有区域。其风景质量和游览价值低于重点保护区，主要以保持风景游赏的连续性为目的区域。主要保护措施有：封山育林、加强绿化美化，不断提高环境质量和森林保健功能；严格控制游客容量和相关行业的发展规模。

7.3.3 森林保护

森林资源是森林景观的主体，加强森林保护工作是公园正常开展活动及发展森林旅游的重要环节之一。

（1）森林防火。为切实抓好公园的森林防火工作，必须认真贯彻《森林法》和《森林防火条例》，坚持“预防为主，积极消灭”的方针，强化森林公园防火的各项措施。主要措施有：加强现有林政检查站及巡护监督队伍建设，层层签订防火管理责任状，加强防火巡逻的密度，强化扑火专业队，健全联防体系；严格遵守国家林业局颁布的森林防火规章，制定护林防火乡规民约，主管防火的各级领导要分片落实防火责任区，使森林防火工作制度化、规范化；在景区主要路口、林缘及各景点设置防火标志和宣传牌。在门票及旅游手册中，印制护林防火公约，增强游客防火意识；同时加强对景区内居民的防火教育和宣传活动，提高居民的防火意识，加强护林防火的积极性；对于公园内野炊、烧烤等野外用火场地要划定区域，并加强火源的管理。利用抗火树种设立隔离带，以确保公园的防火安全；要结合景点建设在灵山佛、毕兹卡绿宫、油草河、洋洞等地设立瞭望塔，并逐步加强阻隔、预测预报、通信，交通工具及扑火器具等方面的投入。

（2）灾害防治。黄水国家森林公园灾害防治措施有：

①防虫害。防止森林病虫害的发生，保障林木的健康生长，给游人一个优美的森林环境是森林公园管理的重要方面。为了更好地保护森林资源，提高景观资源价值，要切实加强以下几个方面的措施：必须贯彻“预防为主，综合治理”的方针，以生物防治为主，并采取物理、化学防治的方法，把病虫害控制在尽可能小的范围；建立健全病虫害防治机构，加强预测、预报工作，认真贯彻防重于治的方针；严格种苗、花卉的检疫制度，对引进和外运种苗、花卉进行严格的检疫工作，杜绝检疫对象及危险性病虫害传入森林公园；采取必要的营林措施，减免病虫害的发生和蔓延。

②自然防灾。按照国家和重庆市的有关要求，在规划建设旅游相关设施时，均要完成工程地质灾害危险性评估，以确保在地质稳定的基础上建设；对易发生水土流失和泥石流、滑坡的地段加强保护，普遍植树造林，涵养水土；要加强预测、预报工作，公园内的建筑广告牌、商标牌及电视天线等要考虑到抗风雨的要求。

③加强林政管理，防止乱砍滥伐。认真贯彻《森林法》、《土地法》、《环境保护法》及《关于加强林地保护和管理的通知》，严格遵守国家天然林禁伐规定的管理审批制度。要进一步加强林政管理工作，宣传教育公园周围的群众，严格保护公园内的风景林、水源林资源。对盗伐林木、毁林种黄连者予以重罚，对有功者，给予奖励，从而有效地保护森林资源，更好地发挥森林的社会、生态和经济效益。

7.3.4 野生动物资源保护

野生动物是森林中极具吸引力的景观，森林公园中栖居着多种珍贵的野生动物，在开展森林旅游活动的同时，要保护林中野生动物的正常繁衍生息。因此，必须采取下列保护措施：

严格执行《森林法》和《野生动物保护法》，依法保护野生动物资源。充分利用标语牌、广告栏、广播、电视等宣传媒介，强化保护野生动物的宣传，提高游人保护野生动物的自觉性，做到全民保护、全民监督；森林公园除垂钓、靶场等特定区域外，禁止狩猎、诱捕、毒杀野生动物，保护野生动物赖以生存、栖息的环境；对于森林公园区域内鸟类的栖息地，给予特殊保护，按鸟类的不同生活习性分别进行环境整治，种植适合鸟类采食、繁衍的植被，严禁猎捕、骚扰野生动物；按《渔业法》加强对公园内库区的渔政管理，禁止在公园非垂钓区域内捕鱼；严禁滥伐林木，保持相对稳定的森林环境，为林中动物创造良好的庇护和活动场所；注意栽植和保护可食性植物，确保动物的正常食物来源；在森林公园开发建设中，应监测环境对野生动物的影响，凡是对国家保护的野生动物及其生存环境产生不利影响的建设项目坚决禁止。

7.3.5 防洪及水体保护

（1）防洪。黄水国家森林公园降水丰富，多年平均降雨量为 1126.6 mm 以上，且年内分布不均，多集中在 6、7、8 三个月，极易引发夏洪。因此，切实做好防洪工作，不仅可加快森林公园建设，并且对旅游安全起到重要的作用。主要措施有：

严格遵守《水法》、《水库大坝安全管理条例》和重庆市颁布的有关法令、法规；公园内水工建筑物、构筑物（如坝体、水渠等），其水体的进、排水口和溢洪闸门要加强修缮，应保证调节水位和清淤的需要。非观赏型水工设施应结合造景采取隐蔽措施；其他建筑物、构筑物的选址，应注意地质条件，建在水库的最高水位以上（基底标高高程应在淹没线以上），沟谷内建设项目需在洪水位线以上，避免受洪水威胁。

（2）水体保护。水体和森林一样，都是森林公园的生命，也是自然风景的所在。随着公园的开发建设，旅游项目的增多，必将对园内的水体造成一定的影响。因此，必须加强水体保护工作，制定严格的保护措施，确保环境质量和游人的身心健康。主要措施有：

公园区域内，严格控制工业项目的建设，杜绝工业污染源；游客集中区域的生活污水必须进行处理，并达到国家规定的排放标准，才能排放；按重庆市有关加强对生活饮用水源地保护的条例规定，严格控制开展污染水源地的旅游活动；适度开展水上游乐项目，控制规模以不影响污染水体为度；建立必要的机构，加强水质的监测和管理；加强水源涵养林建设，营造护岸林，改善林分结构，不断提高其水源涵养能力。

7.3.6 环境污染源的防治

随着森林公园旅游事业的发展，大量游客的进入，常住人口的增多以及进入公园机动车的增加，势必会带来生活污水、旅游垃圾、粉尘、废气、噪声等各种环境污染。因此，必须加强这方面的防治工作，保证公园有一个良好的环境质量。

（1）生活污水。对于餐饮、客房、居民生活等方面的污水采取就地处理，集中与分散排放相结合的办法。在旅游服务设施集中的地方，应完善污水排放系统，设立污水处理点。

（2）粪便处理。公园内公共厕所的设置，除遵守重庆市旅游公共厕所标准规定外，需参照《城市公共厕所规划和设计标准》的技术要求执行。粪便处理要符合《粪便卫生无害化标准》，禁止任意排放，以沼气化粪池来处理，对沼气可利用，废渣可作肥料应用。

（3）旅游垃圾。森林公园管理部门，应通过宣传牌、宣传手册等各种形式教育游人禁止乱扔垃圾，用过的废弃物放入垃圾箱或发放的垃圾袋内，由环卫人员运至设置在村屯的垃圾转运站，集中外运。垃圾箱设置间距为50～100m，一般设置在道路两旁和路口，样式应美观、卫生、耐用，并能防雨、阻燃。

水上游船配置简易存放垃圾设施，严禁将旅游废弃物丢入水中。建立健全卫生管理制度，使垃圾处理做到减量化、无害化、责任化。

（4）粉尘、废气及噪声。森林公园内所有排烟设施应按环保部门要求，排尘浓度达到国家规定标准，并尽可能加大燃气、电力、太阳能等热源的比重，扩大森林公园的林草覆盖率，减少粉尘危害，达到国家大气环境质量一级标准。

森林公园内各种商业设施音响严禁向室外播放。严禁建设不符合《工业企业噪声控制设计标准》的工业项目，并设置隔声屏障，种植防噪绿化带，噪声质量达到国家规定的0类标准，保护公园舒适、恬静的休憩环境。

7.3.7 旅游安全保护

加强森林公园的旅游安全建设，不仅可以使游人安全到达各个景点，乘兴而来、尽兴而归，而且对于公园吸引游人，稳定和扩大客源市场，提高经济效益具有十分重大的意义。采取以下措施：

为了使游客充分并安全地游览公园的各个景点，在各景区入口处设置游览路线指南，在各路口及景点设置路标和中英文标志牌，为游人提供游览路线图；对水上游乐活动严格加强管理，配备专门的救护人员和设备，做好水上安全巡逻和紧急救护工作；对各景区娱乐场所要加强安全管理，在场地周边设置必要的隔离设施及安全标志，对娱乐器材应由专人定期检查维护，保护游人安全；在游人集中的陡峭山体和临水处，或其他此类容易发生事故的地段设置护栏、扶手，确保游客安全，其高度应大于1.05 m，必须结构坚固、经久耐磨。各种装饰性、示意性和安全防护栏门的构造做法，严禁采用锐角、利刺等形式。电力设施、动物围栏及其他专用防范性护拦，应根据实际需要另行规划建设。

7.4 旅游服务设施

7.4.1 规划原则

（1）符合公园总体布局要求，布局上要做到相对集中又服从游览组织的需要，分层布设、重点突出地安排服务网点，力求形成有利于组织高效率旅游的服务网络体系。

（2）服务设施的建设标准应与游客构成相适应，高、中、低档相结合，满足不同消费水平游客的需求，适当增加适合中、青年人的活动设施。

(3) 服务设施的建设不得破坏森林公园的景观，其建筑的体量、造型、色彩等应与周围自然环境相协调。

(4) 森林公园的服务设施建设，应以为游人服务为宗旨，突出森林公园的特色，游乐及购物着重体现自然野趣、地方特色。

(5) 各类设施布局、风格、造型、体量、色彩等要与周围环境相协调，突出土家建筑风貌，在满足功能的前提下，力求达到观赏艺术与功能高度统一。

7.4.2 导游设施配套

目前，森林公园导游设施较差，应进行完善升级。

(1) 标志系统。

①景区入口（山门）标志。景区入口的规划应力求造型新颖、别致，能概括、喻示景区景观特征，并不破坏景区的自然特色。同时，大门造型应突出景区的主题，给游客一种异常强烈的冲击力。

②景区形象标志。利用入口大门处的艺术造型，形成与景区内涵相符的形象标志，将成为吸引游客留影及扩大景区影响的重要节点。伴随各景区的陆续建成，可在各景区交接处（景观变换点）、休息处、接待服务中心设置各景区的小型形象标志，以提示和突出景区的转换。

③景点标志。在主要景区、景点均应设置景点标志，形象既要醒目，突出画龙点睛之妙，又要协调环境，避免喧宾夺主，造成霸景、破景。

(2) 导游系统。

①游客接待中心。在游客接待中心配备旅游专车停靠站，作为景区的主接待处。在接待中心通过模型、图片、文字等各种手段，综合概括各景区的概貌、特征、价值、游览线路、安全要求等情况，并进行咨询、纪念品发放等活动。同时，接待中心应与宾馆有效配合，为方便游客提供后勤保障。

②导游站。主要景区、景点设导游站，结合观景设施，安排介绍周围景观特点，可设景图对位的橱窗式展示空间。接待中心处的导游站规模稍大。

③说明牌、标志牌。特殊地段、游线转换点等位置挂设简洁明了的文字或图案说明牌，图文结合、中英文对照，必要时可设自动解说装置（收费式或免费式），增加景区的趣味性。

7.5 基础设施

7.5.1 规划原则

根据森林公园的性质，结合森林公园的实际情况，基础设施总体规划按以下原则进行：

(1) 从实际出发，尽量利用原有及市政工程设施和设备，以升级改造为主，减少森林公园建设投入。

(2) 公园基础设施总体布局与本地区总体发展规划和其他相关规划相协调、相衔接，避免重复建设，并兼顾其他各业发展。

(3) 公园基础设施在建设施工过程中，要切实加强对公园生态环境的保护。

(4) 有利于森林旅游的开展及吸纳与改善投资环境，提高公园的经济效益。

7.5.2 景区交通基础设施

(1) 完善内外部道路系统的配套设施，提高公路干线的等级和通行能力，保证安全畅通。

(2) 内部交通网络组织，有利于保护景观，有利于旅游路线组织，创造畅通、安全、便捷、舒适、经济和低公害的交通条件。

(3) 道路路网系统，在满足旅游服务的同时，兼顾护林防火、环境保护以及森林公园职工与周边居民的生产、生活等多方面的需要。

(4) 充分合理利用现有道路，做好方案比选，达到技术上可行、经济上合理，不占或少占景观用地。

(5) 道路线型应顺应自然，一般不进行大量填挖，尽量不破坏地表植被和自然景观。道路走行位置不得穿过有滑坡、塌方、泥石流等危险的地质不良地段。

（6）根据森林公园的规模、各功能分区的活动内容、环境容量、运营量、服务性质和管理需要，综合确定道路建设标准和建设密度。

（7）重点打造旅游步道、旅游索道和码头。

7.5.3 给水、排水基础设施

森林公园水资源丰富，无工业污染。目前，黄水、西沱、枫木等乡镇都建有自来水厂和污水处理厂，生活饮用水已初步形成自来水给水系统。公园其他地域现主要采取的给水方式是引水库或高位山溪水，入澄清池，通过输水管线给水到用户；污水经简单处理后排入河道或农田、林地及湖中。规划原则应遵循：

（1）遵循国家的方针、政策、法令和各种规定。

（2）给水、排水系统布设应根据旅游发展需要，坚持集中与分散相结合的原则，以合理的投入，取得最佳的效果。

（3）按国家有关规定合理确定旅游、生产、生活及消防用水量，预测污水排放量，分期建设给水、排水设施。

（4）合理利用地表水和地下水资源。利用自然地势、选择水质好、处理费用低的水源。

（5）正确处理好景区、景点与给水、排水系统的关系，以达到既满足用户的需要，又有利于景区、景点的保护和建设。

7.5.4 供电基础设施

园区内电力资源丰富，全县各乡（镇）基本实现并网发电，电力自给有余，在公园周边的黄水、西沱、鱼池、枫木等乡（镇）都建有变电站，并已列入计划近期增容扩建，为今后发展旅游奠定了基础。规划原则应遵循：

（1）坚持保护环境、节约能源、技术先进、经济合理的原则，做到安全适用，维护管理方便。

（2）充分利用现有条件，采取统一电力网供电为主，柴油发电为辅。输、配电规划根据工程点、规模和发展，正确处理近期与远期的关系，做到以近期为主，适当考虑扩容的可能性。

7.5.5 能源基础设施

目前森林公园所在地区居民和旅游服务设施的生活能源主要为煤、薪柴、石油液化气、液化天然气和电能。随着石柱县特别是公园园区内天然气管网的敷设和水电的大力发展，高效、清洁的天然气和电力必将成为森林公园的主要能源。规划原则应遵循：

（1）因地制宜、讲求实效、多能互补，综合利用。

（2）有利保护环境、减少污染、节约能源，效率高。

（3）能源有可靠的保证，技术上可行，经济上合理。

（4）坚持高标准、高起点，近期为主，注重长远的原则。

7.6 组织机构与管理

7.6.1 管理体制

为了广泛地吸纳社会各方资金，加强旅游资源保护，加速黄水国家森林公园开发步伐，提高经营管理水平，根据黄水国家森林公园的经营管理现状，拟建立“黄水国家森林公园管理委员会”，由主管副县长、林业局长、旅游局以及计委、经贸委、公安、交通、城建、文管、环保以及公园所在地镇政府领导组成，管理委员会下设森林公园管理处，森林公园的经营管理由管理处处长负责，实行独立核算，自负盈亏。

7.6.2 组织机构

（1）机构设置原则。搞好森林公园组织机构建设是森林公园实现可持续发展，取得良好经济效益的基本保证。公园的组织机构设置必须遵循以下原则：

①坚持有利于森林公园保护和管理的原则。组织机构的设置既要有利于国家有关方针、政策、法律法规的贯彻执行，又要有利于森林公园的积极保护和有效管理。

②坚持有利于当前和长远重点需要的原则。结合森林公园当前和长远工作的重点和要求，体现森林公园管理的科学性、先进性、整体性和经济性。

③坚持有利于发挥管理部门积极性的原则。本着既要“高效、精干、合理”，又要有利于提高管理水平、工作效益、经济效益和充分发挥各管理部门的积极性。

（2）组织机构设置。根据组织机构的设置原则，森林公园管理处在公园管理委员会的领导下，全面负责森林公园的动植物资源保护、旅游经营管理、环境保护、护林防火以及开发建设等工作。公园管理处设综合部、财务部、工程部、旅游部、服务部、派出所 6 个职能科室，并下设公园岩口办事处、西沱管理站、万胜坝景区管理站、油草河景区管理站、洋洞景区管理站 5 个景区管理站（办事处）。见图 7.1。

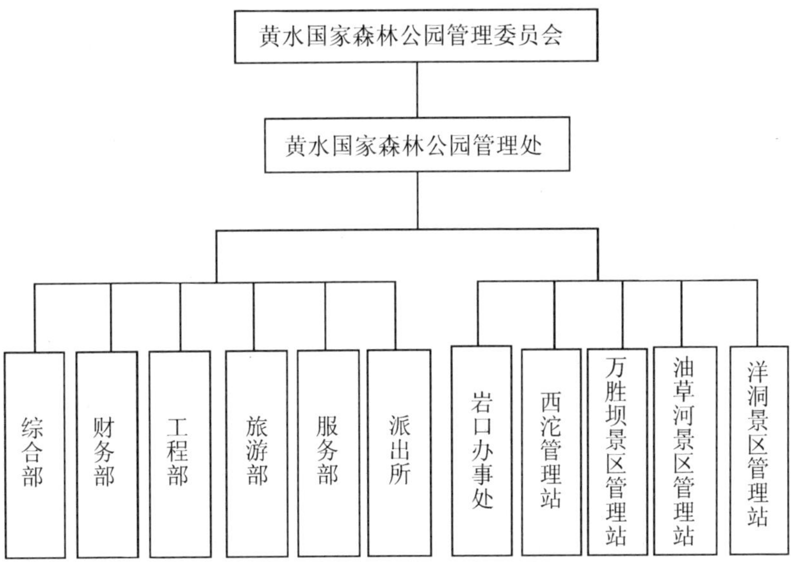

图 7.1 黄水国家森林公园组织机构

森林公园各职能科室的职责为：综合部负责人事、档案、文秘、工会、行政后勤等日常工作管理；财务部负责日常收支、票务收售、员工工资发放等财务管理工作；工程部负责园内规划、基本建设、工程设施维护的日常管理以及园区生境改良、绿化美化、病虫害防治、资源管护、森林防火等工作；旅游部负责对外联系、旅游宣传、接待、导游及新景点开发等工作；服务部（公司）负责园区旅宿、餐饮、娱乐、购物项目的管理工作；并负责全园旅游及公务客货运输，车队的日常管理和环境保洁等工作；派出所负责园内的治安、资源及环境保护等工作。

7.7 保障措施

7.7.1 制定公园管理办法细则

森林公园的建设与管理，必须做到有法可依，依法管理。必须依据《森林法》和原林业部颁布的《森林公园管理办法》及重庆市各级行政和行业主管部门有关森林公园开发建设文件和指示精神，结合公园的具体情况，制定公园管理办法细则。

7.7.2 建立新的管理模式

森林旅游是一个新兴产业，是实现由资源优势转化为经济优势的一项重要举措。黄水国家森林公园的管理既包含旅游资源保护与开发内容，又兼顾农业、林业等各业发展的内容。对森林旅游的认识，要在思想观念上有一个大的转变，以适应森林旅游发展需要。要探索适应市场经济规律的管理体制和建立强有力的领导集体。

7.7.3 建立社会保障体系

森林旅游业的发展与该地区社会经济的发展密切相关。森林公园的开发建设离不开地方政府及相关行业、部门的支持与协助。建立社会保障体系有利于协调关系，调动各方面积极性，共同开发，共同受益，促进森林旅游业发展。在建立社会保障体系时，应明确森林公园原隶属关系不变，稳定山林、农田权属和经营范围不变，引导森林、林木、林地和农地的合理流转。逐步建立景观资源补偿机制，维护林权所有者的合法利益。

7.7.4 多渠道筹集资金，推进公园开发建设

旅游需要吃、住、行、游、购、娱，这就要求有一定水准的旅游设施和一整套符合各种层次游客需要的接待服务设施。没有这些条件，再美的风景，游客也只能望而兴叹。森林公园建设需要大量资金，解决的主要办法是靠多渠道集资。借鉴已建森林公园的成功经验，一是依据总体规划，采取多种形式吸引其他部门、单位、私人或外商投资兴建旅游设施，联合开发、共同受益；二是积极争取国家、地方政府及各个行业部门投资建设。

7.7.5 加强森林资源的保护

加强森林资源保护是森林公园开发开放的前提。为此，一是大造舆论，广泛宣传教育；二是严格管理，实行岗位责任制，明确奖惩办法；三是制定森林资源（森林景观）及动植物保护的有关规定，对园区内发展、建设可能造成水土流失、破坏森林景观的种植业、养殖业实行严格的审批制度并加以限制；四是发动公园和周边乡村群众及驻地各单位，组成义务群防体系，形成村村、户户联防的局面；五是每年应从公园收入中安排一部分专项资金，用于增加和改善保护设施；六是严防以开发建设之名，大面积毁林，严格审批制度。

7.7.6 加强宣传，提高知名度

黄水国家森林公园旅游资源丰富，除少部分开发外，绝大部分还鲜为人知。因此，扩大对外宣传是吸引更多国内游客行之有效的手段。可以通过报纸、杂志、广播、电视等多种新闻媒体广泛地宣传黄水国家森林公园，也可以发挥“名人效应”，借助国家、省、市领导人，国内名人和世界知名人士到公园视察、旅游观光的机会，题词、作画、摄影，并将这些作品采用著书、撰文的形式宣传出去。另外，可发挥“节会效应”，推出具有地方特色、号召力强、参与人数多的各类主题的节会活动。承接度假、科学考察、学生夏令营、军事训练、办培训班等项业务。千方百计扩大森林公园影响，提高知名度。

7.7.7 提高职工素质

森林旅游业的发展，关键在人才。目前黄水国家森林公园面临着旅游管理

人才不足，职工素质有待提高，观念亟待转变等问题。因此，应根据公园建设发展的需要，采取多层次、多类型、多形式培训，提高职工的文化水平、科学知识、专业技能、职业道德、服务意识，职工持证上岗。另外，为了确保关键部门、关键岗位对专门人才的需要，可采取引进来走出去的办法，引进急需人才，派出必要人员进行培训。

7.7.8 加强合作，提高市场竞争力

把握好机遇，利用各方面的有利条件，通过多层次、多途径、多形式，与国内外相关部门广泛开展合作与交流，互相学习和借鉴。特别是要加强与重庆、宜昌、万州、涪陵、利川、黔江等城市以及丰都鬼城、忠县石宝寨、湖南张家界森林公园等知名景区的联系，建立起城市与公园之间的“桥梁”，广泛、及时地收集旅游信息，不断提高森林旅游业经营管理水平，增强森林公园对旅游市场的适应能力与竞争能力。

8 研究结论

8.1 主要研究结论

（1）首先回顾了研究旅游、旅游资源、森林旅游、森林旅游资源等主要问题的相关文献，通过对相关文献的分析梳理。研究表明：森林旅游作为一种独特的旅游形式，与其他的旅游形式存在着一些独特的联系。一方面，同其他旅游形式一样，森林旅游的发展会对旅游地的经济、社会、环境、生态造成各种正面、负面影响；另一方面，作为一种特殊的环境资源，森林公园旅游资源又不同于其他旅游产品和服务，具有典型的准公共品特性。

（2）刻画了可持续发展框架下的森林资源消耗与配置模型。

（3）通过对旅游环境承载力相关文献的分析梳理，提出了森林公园旅游环境承载力测算方法。

（4）通过对旅游资源价值计量相关文献的分析梳理，提出了森林公园旅游环境价值测算方法。

（5）选取重庆黄水国家森林公园作为典型地区进行森林公园旅游环境承载力实证分析。首先，考虑旅游景区的季节波动、旅游地社会文化背景、旅游者行为等因素对旅游环境承载力的影响，对森林公园旅游环境承载力模型中的生态环境承载力、资源空间承载力、基础设施承载力、旅游服务设施承载力、管理水平承载力、当地居民心理承载力、旅游者心理承载力等各单项承载力进行模型构建，为黄水国家森林公园旅游环境承载力评估提供了可以操作的方法与途径。其次，结合黄水国家森林公园实际情况筛选出对旅游环境承载力构成约束的限制性因素，使用动态改进层次分析法确定各因素之间的关系和权重，最终测算出黄水国家森林公园的综合旅游环境承载力。结果显示：黄水国家森林公园旅游旺季综合旅游环境承载力为 235007 人/天，旅游平、淡季综合旅游环境承载力为 128728 人/天。

（6）选取重庆黄水国家森林公园作为典型地区进行森林公园旅游环境价值计量分析。使用定量、定性相结合，实地调研、游客问卷调查相结合的方法分析森林公园环境价值。将重庆黄水国家森林公园环境价值划分为生态价值、社会效益和旅游游憩价值。使用 ZTCM 模型评估重庆黄水国家森林公园的旅游游憩价值，分析景区主要客源结构和游客的人口统计学特征，采用线性函数、幂函数、指数函数和自变量为对数的函数形式，依据上述分析确定的相关参数回归分析景区游憩价值和旅游消费者剩余，并进行统计学检验。结果显示：2009 年黄水国家森林公园的总游憩价值约为 3.4 亿元，人均游憩价值约为 5000 元。

（7）最后充分考虑旅游者的市场需求、旅游资源的分布特点、空间结构和旅游线路，依据以完成的黄水国家森林公园旅游环境承载力分析以及黄水国家森林公园旅游价值分析，对景区的运营和管理进行设计、规划和完善，并提出相应的保障措施。

8.2 未来研究展望

本书的研究虽然取得了一定的进展，但仍需要通过进一步深入的研究来探讨森林公园的环境承载力和环境价值，下一步的研究工作可以在以下几个方面开展：

（1）完善森林公园旅游产业的机理研究。产业发展机理研究是森林公园的环境承载力、环境价值理论的基础性研究。主要内容包括参与主体、影响因子、决策机制、经济收益及分配机制、保障机制，等等。

（2）构建合理的森林公园承载力评价指标体系。确立相关指标的选取原则和基本框架，建立数学模型并研究各影响因子的互动关系。

(3) 计算机技术、地理信息系统技术的嵌入。GIS 由于强大的空间数据分析能力，在资源与环境领域得到越来越广泛的应用，近年来也被应用到环境经济学中。GIS 的技术优势使 ZTCM 的不同分区方法成为可能。

(4) 将 TCM 和 CVM 综合到同一个模型，适度对消费者对自然资源的偏好得出更全面准确的描述，是近年来发展的一种新方法。

参考文献

[1] Meis, Scott. International Issues Forum: Response, Tourism partnership and Strategies: Merging Vision With New Realities [M]. Proceedings of the 23rd Travel and Tourism Research Association Conference, Minneapolis, 14-17.

[2] Jafari, Jaffar. Editor's Page, Annals of Tourism, Research, Special Number.

[3] Mathieson, Alister, Wall, Geoffrey. Tourism: Economic, Physical and Social Impact [M]. Longman, London.

[4] World Tourism Organization. International Conference on Travel & Tourism Statistics: Ottawa (Canada), 24-28 June 1991 Resolutions, Madrid, World Tourism Organization.

[5] 威廉・瑟厄波德．全球旅游新论 [M]．中国旅游出版社，2001.

[6] Mathieson, A., Wall, G. Tourism: Economic, Physical, and Social Impacts [M]. Longman, London, 1982.

[7] Lea, J. Tourism and development ethics in the third world [M]. Routledge. London, 1988.

[8] Burns, P. H., Holden, A. Tourism: A New Perspective [M]. Prentice Hall International (UK) Ltd, Hemel Hempsted, 1995.

[9] France, L. The Earthscan Reader in Sustainable Tourism [M]. Earthscan Publication Ltd, 1997.

[10] Archer, B. H., Fletcher, J. E. Multiplier Analysis in Tourism, Cahiers du Tourisme, Centre Des Hautes Etudes Touristiques [M]. Univer-

site de Droit, D' Economie et Des Sciences, Aix en Provence, 1991.

[11] Bulter, R. Hinch, T. Tourism and Indigenous Peoples [M] . International Thomson Business Press, London, 1996.

[12] Dogan, Hasan Zafer., Forms of Adjustment: Socio-cultural Impacts of Tourism [J] . Annals of Tourism Research, 1986, 16 (2): 216-236.

[13] 威廉·瑟厄波德. 全球旅游新论 [M]. 中国旅游出版社, 2001, 73.

[14] Mieckowski, Z. Environmental Issues of Tourism and Recreation [M] . University Press of America, Inc. Lanham, 1995.

[15] Murphy, P. N. Tourism: A Community Approach [J] . Methenm, 1985.

[16] Thorsell, J. W. Managing Protected Areas in Eastern Africa: A Training Manual. College of African Wildlife Management [J] . Mweka Tanzania, 1984.

[17] Brandon, C. Basic Steps Towards Encouraging Local Participation in Nature Tourism Projects [J] . The Ecotourism Society, 1993: 132-168.

[18] Horwich, R. H. Ectourism and Community Decelopment: A View From Belize [J] . The Ecotourism Society, 1993: 132-168.

[19] Grdjah Mada University, Java. A Report on Environment and Development. In Sustainable Tourism Development: Guide for Local Planners [M] . World Tourism Organization Publication, 1990.

[20] 郭来喜，吴必虎，刘锋，范业正. 中国旅游资源分类系统与类型评价 [J]. 地理学报，2000，55 (3)：294～301.

[21] 孙文昌，郭伟. 现代旅游学 [M]. 青岛出版社，1997.

[22] 周进步，庞规荃，秦关民. 现代中国旅游地理学 [M]. 青岛出版社，1998.

[23] 艾万钰. 论旅游资源分类及分级 [J]. 旅游学刊，1987，2 (3)：40～44.

[24] 孙仲明. 试论旅游资源的类型及其特点 [M]. 旅游教育出版社，1990.

［25］足羽洋保．观光资源论［M］．中央经济社，1997.

［26］辛建荣，杜远生，冯庆来．旅游地学［M］．天津大学出版社，1996.

［27］叶岱夫．试论听觉旅游资源的开发和利用［J］．旅游学刊，1988，3（4）：53～55.

［28］王学君．旅游资源结构分析［D］．北京大学博士毕业论文，1992.

［29］旅游标准汇编［M］．中国标准出版社，2003：200～222.

［30］田喜洲，蒲勇健．论我国国家公园旅游产品的供给和价格［J］．思想战线，2004，30（6）：125～128.

［31］敖荣军，韦燕生．旅游开发的外部性及其内化研究［J］．地域研究与开发，2003，22（2）：79～82.

［32］Hartwick，J. M.，Olewiler，N. D. The Economics of Natural Resource Use［M］．Harper & Row，New York，1986.

［33］刘肖梅．旅游资源可持续利用的经济学分析［D］．山东农业大学博士毕业论文，2007.

［34］Getz，D. Capacity to Absorb Tourism：Concepts and Applications for Strategic Planning［J］．Annals of Tourism Research. 1983，10（2）：239-263. O'Reilly，A. M. Tourism Carrying Capacity［J］．Tourism Management. 1986，7（4）：254-258.

［35］Mathieson，A.，Wall，G. Tourism：Economic，Physical and Social Impacts［M］．Longman，London，1980.

［36］陈述彭．资源开发与环境生态效应［J］．地理学探索，1992，（5）：299～320.

［37］万幼清．旅游环境容量确定方法的探讨［J］．江西财经大学学报，2004，34（4）：60～63.

［38］J. Alan Wagar. The Carrying Capacity of Wild Lands for Recreation. Forest Science Monography. Society of American Foresters［J］．1964，（18）：587-594.

［39］Shelby B. Carrying Capacity in Recreation Settings［J］．Oregon State University Press，1986：45-49.

［40］Lime，George H. Stankey. Some Capacity Theory for Parks and

Recreation Areas [M] . USDI National Park Service Reprint, Washington DC, 1971: 33-43.

[41] Lime D. W, Manning. Carrying Capacity: Maintaining Outdoor Recreatio Quality in Land and Leisure, 1971, 29 (2): 320-337.

[42] Stankey G. H. The Application of the Carrying Capacity Concept to Wilderness and other Low-Density Recreation Areas [J] . Canberra, 1980: 35-46.

[43] Mathieson, Alister, Wall. Tourism: Economic, physical and social impacts [M] . Longman, 1980: 21-22.

[44] Douglas Pearce. Tourist Development [M] . Longman, 1989: 88-89.

[45] Edward Inskeep. An Integrated and Sustainable Development Approach [M] . New York, 1989 (3): 26-29.

[46] Cole David N. The Limits of Acceptance Change (LAC) System for Wilderness Planning [J] . U. S. Department of Agriculture, 1985: 36-37.

[47] Elio Canestrelli, Paolo Costa. Tourist Carrying Capacity: a Fuzzy Approach Annals of Tourism Research [J] . 1991 (18): 295-311.

[48] Phillips. The Dive Tourism Industry of Byron Bay: a Management Strategy for the Future [J] . Faculty of Resource Science and Management, 1992 (23): 367-378.

[49] Mieczkowski, Zbigniew. Environmental Issues of Tourism and Recreation [M] . University Press of America, 1995: 309-343.

[50] Derrin Davis, Clem Tisdell. Recreational Scuba-diving and Carrying Capacity in Marine Protected Areas [J] . Ocean & Coastal Management, 1995 (26): 19-40.

[51] Lindberg K, Stephen McCool, Stankey. Rethinkıng Carrying Capacity [J] . Annals of Tourism Reaserch, 1997, 24 (2): 461-465.

[52] Alexis Saveriades. EsTablelishing the Social Tourism Carrying Capacity for the Tourist Reports of the Coast of the Republic of Cyprus [J] . Tourism Management, 2000 (21): 147-156.

[53] Tony Prato. Modeling Carrying Capacity for National Parks [J] .

Ecological Economics，2001 (39)：321-331.

[54] Steven R. Lawson，Robert E. Proactive Monitoring and Adaptive Management of Social Carrying Capacity in Arches National Park：an Application of Computer Simulation Modeling [J] . Environment Management，2003 (68)：305-313.

[55] Fernando，Garrigos. Yeamduan Narangajavana，Daniel Palacios Marques. Carrying Capacity in the Tourism Industry：a Case Study of Hengistbury Head [J] . Tourism management，2004 (25)：273-283.

[56] Ihab Mohamed Shaalan. Sustainable Tourism Development in the Red Sea of Egypt Threats and Opprotunities [J] . Journal of Cleaner Production，2005 (13)：83-87.

[57] 赵红红．苏州旅游环境容量问题初探 [J] . 城市规划，1983 (3)：38～41.

[58] 刘振礼，金键．特定区域内旅游规模的研究 [J] . 旅游论丛，1985 (2)：42～56.

[59] 汪嘉熙．苏州园林风景旅游价值及其环境保护对策研究 [J] . 环境科学，1986，7 (4)：83～88.

[60] 保继刚．颐和园旅游环境容量研究，中国环境科学 [J] . 1987 (2)：35～41.

[61] 丁文魁．风景名胜研究 [M] . 上海：同济大学出版社，1988：12～16.

[62] 楚义芳．旅游的空间组织研究 [D] . 南开大学博士毕业论文，1989：71～76.

[63] 郭来喜，保继刚．中国旅游地理学的回顾与展望 [J] . 地理研究，1990，9 (1)：78～86.

[64] 冯孝琪．骊山风景名胜区环境容量现状评价 [J] . 资源开发与保护，1991，7 (2)：118～120.

[65] 崔凤军．旅游环境承载力——持续发展旅游的判据之一 [J] . 经济地理，1995，15 (1)：105～109.

[66] 胡炳清．旅游环境容量计算方法 [J] . 环境科学研究，1995，8 (3)：21～24.

［67］崔凤军，刘家明．旅游环境承载力理论及其实践意义［J］．地理科学进展，1998，7（1）：86～91.

［68］明庆忠，李宏，王斌．试论旅游环境容量的新概念体系［J］．云南师范大学学报，1999，10（5）：52～57.

［69］刘玲．旅游环境承载力研究［M］．北京：中国环境科学出版社，2000：5～11.

［70］赵黎明，黄安明，张立明．旅游景区管理学［M］．天津：南开大学出版社，2002：343～363.

［71］文传浩，杨桂华．自然保护区生态旅游环境承载力综合评价指标体系初步研究［J］．农业环境保护，2002，21（4）：365～368.

［72］全华．生态旅游区环境变化与可持续发展——以张家界为例［J］．中国人口·资源与环境，2002，12（3）：95～98.

［73］杨锐．从游客环境容量到 LAC 理论——环境容量概念的新发展［J］．旅游学刊，2003，18（5）：62～65.

［74］王剑，彭建．基于旅游环境承载力的旅游开发规划优化设计研究［J］．地理与地理信息科学，2004，20（1）：95～98.

［75］杨秀平，翁钢民．旅游环境可持续承载动态模型的构建［J］．云南地理环境研究，2005，17（4）：58～61.

［76］翁钢民，赵黎明，杨秀平．旅游景区环境承载力预警系统研究［J］．中国地质大学学报（社会科学版），2005，5（4）：55～59.

［77］吴德礼，李惠彬．基于转型经济：区域发展理论研究与规划实务［M］．北京：中国财政经济出版社，2008.

［78］Hartwick，J. M. Substitution among Exhaustible Resource and Intergenerational Equity［J］．Review of Economic Studies，1945：347-354.

［79］Solow，R. M. Intergenerational equity and exhaustible resources. Review of Economic Studies，Symposium，1974：29-46.

［80］WCED，Our Common Future［R］．Oxford University Press，1987.

［81］Atkinson，G.，Pearce. D. W. Measuring Sustainable Development［J］．The Goble，1993：13.

［82］Daly，H. E. The Economics of The Steady State［J］．Amercian Economic Review，1974，64（2）：15-21.

[83] Costanza，R. Ecological Economic：The Science and Management of Sustainability [M]．Columbia University Press，New York.

[84] Common，M.，Ch. Perrings. Towards and Ecological Economics of Sustainability [J]．Ecological Economics，1992，6（1）：7-34.

[85] Schaeffer，D. J. Ecosystem Health. I. Measuing Ecosystem Health [J]．Environmental Management，1988，12（4）：445-455.

[86] WCED，Our Common Future [R]．Oxford University Press，1987.

[87] Murphy，P. E. Tourism：a Community Approach [J]．London，1985.

[88] Checkley，A. Canadian Pacific Hotel and Resorts Update：Environmental Program [J]．Ottawa，1991.

[89] Taylor，G. D.，Stanley，D. Tourism，Sustainable Development and The Environment：an Agenda for research [J]．Journal of Travel Research，1992，31（1）.

[90] 钱学森．论系统工程 [M]．长沙：湖南科学技术出版社，1982.

[91] 魏宏森，曾国屏．系统论 [M]．北京：清华大学出版社，1995.

[92] 路德维希·冯，贝塔兰菲．一般系统论 [M]．秋同等译．北京：社会科学出版社，1987.

[93] Simon H. The architecture of complexity [J]．Proceedings of the American Philosophical Society，1962，106（6）：467-482.

[94] 尼科利斯，普利高京．非平衡系统的自组织 [M]．徐锡申等译．北京：科学出版社，1986.

[95] 哈肯·H. 高等协同学 [M]．郭治安译．北京：科学出版社，1989.

[96] 托姆 R. 结构稳定性与形态发生学 [M]．赵松年等译．成都：四川教育出版社，1992.

[97] 艾根·舒斯特尔．超循环论 [M]．曾国屏，沈小峰译．上海：上海译文出版社，1990.

[98] 吴彤．自组织方法论研究 [M]．北京：清华大学出版社，2001.

[99] 沈华嵩．经济系统的自组织理论 [M]．北京：中国科学社会出版

社，1991.

［100］Bulter, R. W. The Concept of a Tourism Area Cycle of Evolution［J］. Implication for Management of Resource. Canadian Geographer, 1980 (24): 5-12.

［101］刘少湃，吴国清．旅游环境容量的动态分析——生命周期理论与木桶理论的应用［J］．社会科学家，2004 (2)：102～104.

［102］吴华玲，徐效波，花向红．基于 GIS 的门槛分析在城市发展中的应用［J］．中国科技论文在线，2004 (8)：110～115.

［103］马中．环境与资源经济学概论［M］．北京：高等教育出版社，2001.

［104］罗杰·珀曼等．自然资源与环境经济学［M］．北京：中国经济出版社，2002.

［105］Brookshire, D. S., Thayer, M. A., Schulze, M. D., D'Arge, R. C. Valuing Public Goods: A Comparison of Survey and Hedonic Approahes［J］. American Economic Review, 1982 (71): 165-177.

［106］Ward. F. A., Beal, D. Valuing Nature With Travel Cost Mode［M］. Edward Elgar Publishing, 2000.

［107］Garrod. G., Willis. K. G. Economic Valuation of The Environment Methods and Case Studies［M］. Edward Elgar, 1999.

［108］Shaw, D. On-site Sample's Regress: Problems of Non-negative Integers, Truncation, and Endogenous Strtification［J］. Journal of Econometrics, 1988 (37): 211-233.

［109］Hellerstein, D. Welfare Estimation Using Aggregate and Individual-observation Model: a Comparison Using Monto Carlo Techniques［J］. Amer. J. Agr. Econ. 1995 (77): 620-630.

［110］Moeltner, K. Addressing Aggregation Bias in Zonal Recreation Models［J］. Journal of Environmental Economics and Management, 2003 (45): 128-144.

［111］Kling, C. L., Crooker, J. R. Recreation Demand Models for Environmental Valuation［M］. Edward Elgar Publishing Ltd., UK, 1999.

[112] Englin, J. , Mendelsohn, R. A hedonic Travel Cost Analysis for Valuation of Multiple Components of Site Quality: the Recreation Value of Forest Management [J] . Journal of Economics and Management, 1991 (21): 275-290.

[113] Randall. A. A Difficulty with the Travel Cost Method [J] . Land Economics, 1994, 70 (1): 88-96.

[114] Fix, P. , Loomis, J. Comparing the Economic Value of Mountain Biking Estimated Using Revealed and Stated Preference [J] . Journal of Environmental Planning and Management, 1998, 41 (2): 227-236.

[115] Common, M. S. , Stoeckl, N. , Bull, T. The Travel Cost Method: an Empricial Investigation of Randall's Difficulty [J] . Australian Journal of Agricultural Economics, 1999.

[116] Mc Connell. K. E. On-site Time in the Demand for Recreation [J] . Amer. J. Agr. Econ. 1992 (74): 918-925.

[117] Shaw, W. D. Searching for Opportunity Cost of an Individual's Time [J] . Land Economics, 1992, 68 (1): 107-115.

[118] McKean, J. R. , Johnson, D. M. , Walsh, R. G. Valuing Time in Travel Cost Demand Analysis: an Emprical Investigation [J] . Land Economics, 1995, 71 (1): 96-105.

[119] Feather, P. , Shaw, W. D. Estimating the Cost of Leisure Time for Recreation Demand Model [J] . Journal of Environmental Economics and Management, 1999 (38): 49-65.

[120] Alvarez-Fazio, B. , Hanley, N. , Banberan, R. The Value of Leisure Time: a Contingent Rating Approach [J] . Journal of Environmental Planning and Management, 2001, 44 (5): 681-699.

[121] Rosenberger, R. S. , Loomis, J. B. The Value of Ranch Opern Space to Tourist: Combining Observed and Contingent Behavior data [J] . Growth and Change, 1999 (30): 366-383.

[122] Layman, R. C. Economic Valuating of the Chinook Salmon Sport Fishery of Gulkana River. Alska, under Current and Alternative Management

Plans [J]. Land Economics, 1996, 72 (1): 113-128.

[123] 薛达元，包浩生，李文华. 长白山自然保护区生物多样性旅游价值评估研究 [J]. 自然资源学报，1999，14 (2)：140～145.

[124] 姚志勇. 环境经济学 [M]. 北京：中国发展出版社，2002.

[125] 张茵，蔡运龙. 基于分区的多目的地 TCM 模型及其在游戏资源价值评估中的应用——以九寨沟自然保护区为例 [J]. 自然资源学报，2004，19 (5)：651～661.

[126] 郭达英，王子昂. 旅游资源的旅游价值评估——以敦煌为例 [J]. 自然资源学报，2004，19 (6)：811～817.

[127] Eberle. W. D., Hayden, F. G. Critique of Contingent Valuation and Travel Cost Method for Valuing Natural Resources and Ecosystems [J]. Jounal of Economic Issues, 1994 (3): 649-687.

[128] Smith, V. K. Nonmarket Valuation of Environmental Resources: an Interpretive appraisal [J]. Land Economics, 1993, 69 (1): 1-26.

[129] Smith, V. K. JEEM and Nonmarket Valuation: 1974 to 1988 [J]. Jounal of Environmental Economics and Management, 2000, (39): 351-374.

[130] Carson. R. T., Flores. N. E., Martin, K. M., Wright, J. F. Contigent Valuation and Reveled Preference Methodologies: Comparing the Estimate for Quasi Public Goods [J]. Land Economics, 1996, 72 (1): 80-99.

[131] Cameron, T. A. Combining Contigent Valuation and Travel Cost Data for the Valuation of Nonmarket Goods [J]. Land Economics, 1992, 68 (3): 302-317.

[132] Bateman. I. J., Lovett, A. A., Brainard, J. S. Developing a Methodology for Benfit Transfers Using GIS: Modeling Demand for Woodland Recreation [J]. Regional Studies, 1996, 33 (3): 191-205.

[133] 张志强，徐中民，程国栋. 条件价值评估法的发展与应用 [J]. 地球科学进展，2003，18 (3)：454～463.

[134] Hanemann, M. Willingness to Pay and Willingness to Accept: How much can They Differ? [J]. Amercian Economic Review, 1991, 81 (3): 635-647.

［135］ Mitchell, R. , Carson, R. Using Surveys to Value Public Goods: The Contingent Valuation Method ［M］. Resources for the Future, 1989, Washington, DC.

［136］ Carson, R. T. , Mitchell, R. C. , Hannemann, M. , Kopp, P. J. , Presser, S. , Rudd, P. A. Contingent Valuation and Lost Passive Use: Damages from the Exxon Valdez ［J］. Department of Econimics, Universitu of California, San Diego, 1995.

［137］ Wattage, P. A Targeted Literature Review Contingen Valuation Method ［M］. University of Porsmouth, 2001.

［138］ Svedsäter, H. Economic Valuation of the Environment: How Citizens Make Sense of Contigent Valuation Question ［J］. Land Econmics, 2003, 79 (1): 122-135.

［139］ Carson, R. T. Contingen Valuation: Controversies and Evidence ［J］. Environmental and Resource Economics, 2001 (19): 173-210.

［140］ Flores, N. F. , Carson, R. T. The Relationship between The Income Elasticities of Demand and Willingness to Pay ［J］. Journal of Environmental Economics and Management, 1997 (32): 287-295.

［141］ Horowitz, J. K. , Mc Connell, K. E. A Review of WTA/WTP Studies ［J］. Journal of Environmental Economics and Management, 2002 (44): 426-447.

［142］ Vatn, A. Environmental Valuation and Rationality ［J］. Land Economics, 2004, 80 (1): 1-18.

［143］ 张合平，刘云国．环境科学 ［M］．北京：中国林业出版社，2001.

［144］ 冯学钢．旅游管理容量的理论、方法与实践 ［D］．南京大学博士毕业论文，1999.

［145］ 李艳娜，张国智．旅游环境容量的定量分析——以九寨沟为例 ［J］．重庆商学院学报，2000 (6)：32～34.

［146］ 小爱德华·J. 梅奥，兰斯·P. 贾维斯．旅游心理学 ［M］．南开大学旅游系译，天津：南开大学出版社，1987.

［147］ Stanley Plog. Why Destination Areas Rise and Fall in Popularity:

An Update of a Cornell Quarterly Classic [J] . The Cornell Hotel and Restaurant Administration Quarterly. 2001 (42): 13-24.

[148] Kreg Lindberg, Stephen Mc Cool, George Stankey. Rethingking Carrying Capacity [J] . Annals of Tourism Research, 1997, 24 (2): 461-465.

[149] 周年兴．旅游心理容量的测定——以武陵源黄石寨景区为例 [J] . 地理与地理信息科学, 2003, 19 (2): 102～104.

[150] Damodar N. Gujarati. 计量经济学 [M] . 中国人民大学出版社, 2004.

后　记

本书是我作为负责人主持的重庆市教委人文社科基金项目和四川外语学院校级基金项目的研究成果。

本书在撰写过程中得到了许多人热情和无私的帮助。首先，四川外语学院不仅为课题的研究提供了宽松的工作环境，而且为课题成果的出版提供了必要的经费资助。其次，重庆大学蒲勇健教授、龙勇教授、任珏珑教授、曹国华教授对全书的研究思路、模型构建、实证检验和分析等环节给予了悉心指导和帮助。

经济管理出版社为本书的出版提供了大力的支持和帮助，在此表示由衷的谢意。

雷　莹

2011 年 1 月